21 世纪高等院校
电气工程与自动化规划教材

模拟电子技术
微课版教程

曾赟 曾令琴 / 主编
丁燕 王磊 / 副主编

人民邮电出版社
北　京

图书在版编目（CIP）数据

模拟电子技术微课版教程 / 曾赟，曾令琴主编. -- 北京：人民邮电出版社，2016.7（2020.12重印）
21世纪高等院校电气工程与自动化规划教材
ISBN 978-7-115-42410-5

Ⅰ. ①模… Ⅱ. ①曾… ②曾… Ⅲ. ①模拟电路-电子技术-高等学校-教材 Ⅳ. ①TN710

中国版本图书馆CIP数据核字(2016)第132394号

内 容 提 要

本书以培养学生分析问题、解决问题的能力和实验动手的能力为主导，在学习的过程中注重激发学生的学习兴趣，以够用为基础，对课程内容进行优化。全书内容共分 6 个单元：常用半导体器件、低频小信号放大电路、集成运算放大器、集成运算放大器的应用、直流稳压电源、模拟电子技术应用与实践。为使广大师生更方便地使用本书，本书配套了动画、视频、高质量教学课件、思考与问题解析和章后检测题解析。

本书可作为应用型本科、高职高专、高级技工学校的教材，也可供相关工程技术人员学习和电子技术爱好者学习和参考。

◆ 主　编　曾　赟　曾令琴
　　副主编　丁　燕　王　磊
　　责任编辑　刘盛平
　　执行编辑　王丽美
　　责任印制　焦志炜

◆ 人民邮电出版社出版发行　　北京市丰台区成寿寺路 11 号
　　邮编　100164　电子邮件　315@ptpress.com.cn
　　网址　http://www.ptpress.com.cn
　　山东华立印务有限公司印刷

◆ 开本：787×1092　1/16
　　印张：11.5　　　　　　　　　　2016 年 7 月第 1 版
　　字数：269 千字　　　　　　　2020 年 12 月山东第 9 次印刷

定价：29.80 元

读者服务热线：(010)81055256　印装质量热线：(010)81055316
反盗版热线：(010)81055315

　　模拟电子技术发展的历史虽短，但应用的领域确是最深、最广的，它不仅是现代化社会的重要标志，而且成为人类探索宇宙宏观世界和微观世界的物质技术基础。可以说，模拟电子技术是和生产、生活密不可分的一门学科，其应用性、实践性都很强。在理工科学习专业知识的过程中，模拟电子技术课程起到了非常重要的作用。

　　根据目前教学改革形势，同时为了更好地适应电子技术的飞速发展，我们对以往的《模拟电子技术》教材进行了审视和研究，精心策划和编写了这本适用于高等职业技术教育和应用型本科的《模拟电子技术微课版教程》，并且加入了微课形式的二维码，方便师生使用。

　　本书编写的指导思想是：按照院校人才培养要求，坚持"适用、够用、实用"的原则；根据社会发展改进教学内容，根据教学需求改进分析方法，根据人才培养目标加入教学实践；保留模拟电子技术中经典的理论知识，将高深的文字通俗化、简单化、形象化，加强实用电路的分析力度。

　　我们编写的《模拟电子技术微课版教程》具有以下特色。

　　1．采用了以往教材的经典体系，理论知识体现了模拟电子技术发展的前沿，能力训练突出了实践性和应用性。

　　2．书中内容深入浅出，特别注重了常用器件特性分析的正确性和严谨性；基本放大电路静态、动态分析的目的和分析方法的阐述；集成电路线性和非线性应用电路的分析指导思想以及应用电路的剖析。

　　3．书中提供并分析了模拟电子技术中的常用经典实例，对学生学习过程中的创新思考可起到一定的启发引导作用。

　　4．对本书的节后思考与练习题进行了逐字逐句斟酌，并提供相应的正确答案；本着适用和实用的原则，对各单元后的习题难度及深度进行了详细讨论和制定，并提供习题的详细解析；对教学课件按照精品课程要求制作，从而可以更好地在教学中起到切实的指导作用。

　　5．书中对重点知识配备了视频和动画，以二维码的形式插入书中，通过手机等终端设备的"扫一扫"功能，即可播放观看，实现了随时随地移动学习。

　　本书由黄河水利职业技术学的曾赟、郑州工商学院的曾令琴任主编，黄河水利职业技术学院的丁燕、王磊任副主编，郑州工商学院的原立格、张颖颖也参与了本书的编写。全书由曾令琴统稿。

作者
2016 年 3 月

目　录

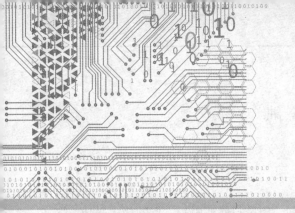

第一单元
常用半导体器件

任 务 导 入

半导体单晶材料硅和锗的发明以及二极管、晶体管等半导体器件的问世，促使了电子工业革命。目前硅单晶的年产量已达 2 万吨以上，8～12英寸（20.32～30.48cm）的硅单晶已运用于工业生产；18 英寸（45.72cm）的硅单晶已研制成功；8 英寸（20.32cm）硅片已广泛用于大规模集成电路的生产；12 英寸 32 纳米工艺也已投入工业生产，预计 2016 年 22 纳米工艺将投产，2022 年 10 纳米工艺将投产。

电子技术发展

伴随着半导体技术的飞速发展，半导体器件不但越来越广泛地应用于通信、网络、工业制造、航空、航天和国防等各个领域，而且已经进入社会生活的方方面面，在我们的各行各业以及家庭中，发挥着难以想象的作用。毫不夸张地说，如果没有半导体器件，我们将失去信息化和电气化的绝大多数成就。

图 1.1 所示的实用电子线路板上除了集成电路，还包含大量的二极管、三极管和场效应管等半导体器件。为了正确和有效地运用这些常用半导体器件，相关工程技术人员须对这些器件的结构原理及其外引线表现出来的电压、电流关系及其性能等有初步的认识。只有认识和掌握了作为电子线路核心元件的各种半导体器件的结构、性能、工作原理和应用特点，才能够深入分析电子电路的工作原理，正确选择和合理使用各种半导体器件。

图 1.1 实用电子线路板

因此，第一单元的任务就是在了解半导体的特殊性能、PN 结的形成及其单向导电性的基础上，进一步认识晶体二极管、晶体三极管、晶闸管这些半导体器件。通过剖析这些半导体器件的结构、工作原理、特性曲线及特性参数等，读者在知识能力上能够深刻理解 PN 结的形成及其单向导电性，掌握二极管、三极管、晶闸管等半导体器件的结构特点、工作原理和伏安特性；在技术能力上掌握正确检测半导体器件的好坏及极性的判别方法；对常用电子仪器有一定的认识和简单操作调试能力，如双踪示波器、函数信号发生器、电子毫伏表等。

理 论 基 础

1.1 半导体基础知识

半导体的导电性能虽然介于导体和绝缘体之间，但是却能够引起人们的极大兴趣，这与半导体材料自身存在的一些独特性能是分不开的。同一块半导体在不同外界情况下，其导电能力会有非常大的差别，有时像地地道道的导体，有时又像典型的绝缘体。利用半导体的这种独特性能，人们研制出各种类型的电子器件。

1.1.1 半导体的独特性能

例如，有些半导体对温度的反应特别灵敏：当周围环境温度增高时，其导电能力显著增加，温度下降时，其导电能力随之明显下降。利用半导体的这种热敏性，人们可以把它制成自动控制用的热敏元件，如市场上销售的双金属片、铜热电阻、铂热电阻、热电偶及半导体热敏电阻等。其中以半导体热敏电阻为探测元件的温度传感器应用非常广泛。

还有一些半导体对光照敏感。当有光线照射在这些半导体上时，它们表现出像导体一样很强的导电能力，当无光照时，它们变得又像绝缘体那样不导电。利用半导体的这种光敏性，人们又研制出各种自动控制用的光电元器件，如基于半导体光电效应的光电转换传感器，广泛应用于精密测量、光通信、计算技术、摄像、夜视、遥感、制导、机器人、质量检查、安全报警以及其他测量和控制装置等。

半导体材料除了上述的热敏性和光敏性外，还有一个更显著的特点——掺杂性：在纯净的半导体中若掺入微量的某种杂质元素，例如在单晶硅中掺入百万分之一的三价元素硼，单晶硅的电阻率可由 $2\times10^3\Omega\cdot m$ 减小到 $4\times10^{-3}\Omega\cdot m$ 左右，即导电能力增至未掺杂之前的几十万乃至几百万倍。正是利用半导体的这些独特性能，人们制成了半导体二极管、稳压管、晶体三极管、场效应管及晶闸管等不同的电子器件。

1.1.2 本征半导体

1. 本征半导体的概念

在半导体物质中，目前用得最多的材料是硅和锗。物质的化学性质通常是由原子结构中最外层的电子数目决定的，半导体的导电性质当然也取决于最外层电子数目。我们把物质结构中的最外层电子称为价电子。在硅和锗的原子结构中，最外层电子的数目都是 4，因此被称为四价元素，图 1.2 中的"+4"表示原子核所带正电荷量与核外电子所带负电荷量相等，整个原子呈电中性。

天然的硅和锗材料是不能制成半导体器件的，必须经过高度提纯工艺将它们提炼成纯净的单晶体。单晶体的晶格结构完全对称，原子排列得非常整齐，故常称为晶体，晶体的平面示意图如图 1.3 所示。图示单晶硅中每个原子的最外层价电子，都两两成为相邻两个原子所共有的价电子，每一对价电子同时受到两个相邻原子核的吸引而被紧紧地束缚在一起，组成了共价键结构（图 1.3 中套住两两价电子的虚线环），单晶体中的各原子靠共价键的作用紧密联系在一起。这种经过提纯工艺后，形成具有共价键结构的单晶体称为本征半导体。

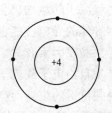

图 1.2　硅和锗原子的简化模型

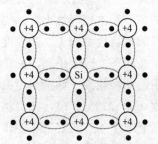

图 1.3　单晶硅共价键结构示意图

2．本征激发和复合

从共价键整体结构来看，每个单晶硅原子外面都有 8 个价电子，很像绝缘体的"稳定"结构。也正是由于这种结构，本征半导体中的价电子没有足够的能量是不易脱离共价键的。

实际上，共价键中的 8 个价电子并不像绝缘体中的价电子那样被原子核束缚得很紧。当温度升高或受到光照后，共价键中的一些价电子就会由热运动加剧而获得足够的能量，挣脱共价键的束缚游离到晶体中成为可移动的自由电子，这种由于光照、辐射、温度等热激发而使共价键中的价电子游离到空间成为自由电子载流子的现象称为本征激发，如图 1.4 所示。

本征激发的同时，游离走的价电子在共价键上留下一个空位，这个空位很快会被相邻原子中的价电子跳进填补，这些价电子填补空位的同时，它们又会留下一些新的空位，这些新的空位又会被邻近共价键中的另外一些价电子跳进填补上，这些价电子仍会留下新的空位让相邻价电子来填补……如此在本征半导体中又形成了一种新的电荷迁移现象：价电子定向连续填补空穴的复合运动，如图 1.5 所示。

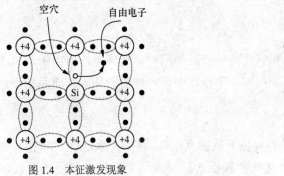

图 1.4　本征激发现象

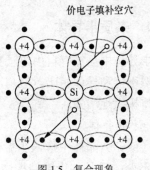

图 1.5　复合现象

复合的结果产生了另一种载流子——空穴载流子。复合不同于本征激发，本征激发产生的自由电子载流子带负电，在电场作用下，自由电子载流子将逆着电场力的方向形成定向迁移；复合产生空穴载流子，在电场作用下，空穴载流子则顺着电场方向形成定向迁移。注意：空穴（共价键中的空位）本身是不能移动的，由于运动具有相对性，共价键中价电子依次"跳进"空穴进行填补，也可看作空穴依次反方向移动，所以人们虚拟出了沿电场方向定向迁移的空穴载流子的运动。这就好比电影院的座位,当第一个座位空着时,后面的人依次向前挪动,看起来就像空位向后挪动一样。

"本征激发"和"复合"在一定温度下同时进行并维持动态平衡,因此自由电子和空穴两种载流子的浓度基本相等且不变,当温度升高时,本征激发产生的自由电子载流子增多,同时"复合"的机会也增加了,当温度不再继续升高时,最后两种载流子的运动仍会达到一个新的动态平衡状态。温度越高,两种载流子的数目就会越多,半导体的导电性能也就越好。即半导体中的两种载流子数量与温度的高低、辐射或光照强弱等热激发因素有关。在温度接近绝对零度(即−273℃)时,共价键中的电子被束缚很紧无法产生自由电子载流子和空穴载流子,相当于绝缘体;在25℃常温下,虽然少数价电子能够挣脱共价键的束缚而产生自由电子载流子和空穴载流子,但此时这两种载流子的数目仅为每立方米单晶硅总电子数的$1/10^{13}$。这个数据说明,常温下半导体的导电能力仍然很低。

3．温度对电子—空穴对的影响

半导体具有光敏性和热敏性。当半导体受到光照、辐射或外界温度显著升高的影响时,半导体中会有较多的价电子挣脱共价键的束缚成为自由电子载流子和空穴载流子,从而使半导体的导电能力较为明显地增强,大约温度每升高8℃,单晶硅中的电子—空穴对的浓度就会增加一倍;温度每升高12℃,单晶锗中的电子—空穴对的浓度约增加一倍。显然,温度是影响半导体导电性能的重要因素。

1.1.3　半导体的导电机理

金属导体中存在着大量的自由电子载流子,载流子是形成电流的原因。在外电场作用下,金属导体中的自由电子载流子在电场力的作用下定向移动形成电流,即金属导体内部只有自由电子一种载流子参与导电。

半导体由于本征激发产生了自由电子载流子,由复合产生了空穴载流子,因此,当外电场作用于半导体时,就会有两种载流子同时参与导电形成电流。这一点正是半导体区别于金属导体在导电机理上的本质差别,同时也是半导体导电方式的独特之处。

1.1.4　杂质半导体

本征半导体中虽然有自由电子和空穴两种载流子同时参与导电,但由于数量不多因而导电能力仍然不能和导体相比。但是,在本征半导体中掺入微量的某种杂质元素后,半导体的导电能力将极大地增强。

1．N型半导体

在硅(或锗)晶体中掺入少量的五价元素磷(或砷、锑),本征硅(或锗)中的共价键结构基本不变,只是共价键结构中某些位置上的硅(或锗)原子被磷原子取代。当这些掺杂的磷原子与相邻的4个硅原子组成共价键时,多余的一个价电子就会挤出共价键结构,使得磷原子核对它的吸引束缚作用变得很弱,常温下这个多余的电子比其他共价键上的电子更容易挣脱共价键的束缚成为自由电子,而失去一个电子的杂质原子则成为不能移动的带正电离子,因为这个杂质正电离子是定域的,因此不能参与导电。这种杂质半导体的结构如图1.6所示。

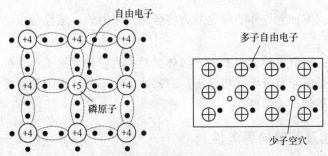

图 1.6　N 型半导体晶体结构

　　掺入五价元素的杂质半导体中，除了热运动使一些共价键破裂而产生自由电子载流子和空穴载流子外，一个杂质原子本身又多出一个自由电子，虽然还是存在两种载流子，但自由电子载流子的浓度远大于空穴载流子的浓度。在室温情况下，当本征硅中的杂质数量等于硅原子数量的 10^{-6} 时，自由电子载流子的数目将增加几十万倍，使半导体的导电性能显著提高。值得注意的是，杂质元素中多余价电子挣脱原子核束缚成为自由电子后，在它们原来的位置上并不能形成空穴，因此掺入五价元素的杂质半导体中，自由电子载流子的数量相对空穴载流子多得多，故把自由电子称为多数载流子，简称多子；而把空穴载流子称为少数载流子，简称少子。显然，多子是由掺杂工艺生成的，其数量取决于掺杂浓度；少子是由本征激发和复合产生的，其数量取决于热激发的程度。

　　由于掺入五价杂质元素的半导体中，导电主流是带负电的自由电子载流子，因此把这种多电子的杂质半导体称为电子型半导体，习惯上又把电子型半导体称为 N 型半导体。

2．P 型半导体

　　在单晶硅（或锗）内掺入少量三价杂质元素硼（或铟、镓），因硼原子只有 3 个价电子，它与周围 4 个硅（或锗）原子组成共价键时，因少一个电子而在共价键中形成一个空位。常温下，相邻硅（或锗）原子共价键中的价电子受到热振动或其他热激发条件下获得能量时，极易"跳入填补"这些空位，这样杂质原子就会因接收跳入空穴的价电子而成为不能移动的带负电离子，这种杂质半导体的结构如图 1.7 所示。

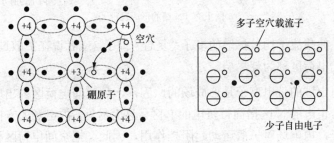

图 1.7　P 型半导体晶体结构

　　从结构图可看出，掺入三价杂质元素的单晶体中，空穴载流子的数量大于自由电子载流子的数量，因此空穴载流子为多子；由本征激发和复合产生的电子—空穴对数量相对较少，为少子。掺入三价杂质元素的半导体中，由于空穴载流子数量大于自由电子载流子的数量而被称为空穴型半导体，电子技术中习惯称为 P 型半导体。

　　一般情况下，杂质半导体中多数载流子的数量可达到少数载流子数量的 10^{10} 倍或更多，因此，杂质半导体比本征半导体的导电能力将强上几十万倍。这也是半导体器件受到青睐最主要的原因之一。

需要指出的是：N 型半导体和 P 型半导体虽然都有一种载流子占多数，但多出的载流子数目与杂质离子所带电荷数目始终相平衡，即整块杂质半导体上既没有失电子，也没有得电子，此时整个晶体仍然呈电中性。

1.1.5　PN 结及其单向导电性

杂质半导体的导电能力相比本征半导体有极大地增强，但它们并不能称为半导体器件。在电子技术中，PN 结是一切半导体器件的"元概念"和技术起始点。

单一的 N 型半导体和 P 型半导体只能起电阻的作用。但是，当采用不同的掺杂工艺，在一块完整的半导体硅片的两侧分别注入三价元素和五价元素，使其一边形成 N 型半导体，另一边形成 P 型半导体，那么在两种半导体的交界面上就会形成一个 PN 结，PN 结能够使半导体的导电性能受到控制，是构成各种半导体器件的技术基础。

1．PN 结的形成

由于 P 区的多数载流子是空穴，少数载流子是自由电子；N 区的多数载流子是自由电子，少数载流子是空穴，因此在 P 区和 N 区的交界面两侧明显地存在两种载流子的浓度差。由于有浓度差，P 区的多子空穴载流子和 N 区的多子自由电子载流子都会从浓度高的区域向浓度低的区域扩散。扩散的结果使交界处 N 区的多子复合掉了 P 区多子，于是在 P 区和 N 区的交界处出现了一个干净的带电杂质离子区——空间电荷区，如图 1.8 所示。

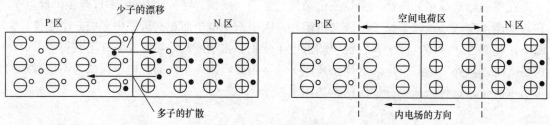

图 1.8　PN 结的形成过程

空间电荷区中的载流子均被扩散的多子"复合"掉了，或者说在扩散过程中被消耗殆尽，因此有时又把空间电荷区称为耗尽层。

空间电荷区内定域的带电离子是形成场的原因，于是空间电荷区内出现一个内电场，内电场的方向是从带正电的 N 区指向带负电的 P 区。显而易见，内电场的方向与多数载流子扩散运动的方向相反，内电场对扩散运动起阻挡作用，因此又把空间电荷区称为阻挡层。

在 PN 结形成的过程中，扩散运动越强，复合掉的多子数量越多，空间电荷区就越宽。另一方面，空间电荷区的内电场对扩散运动起阻挡作用，而对 N 区和 P 区中少子载流子的漂移起推动作用，少子的漂移运动方向正好与扩散运动的方向相反。从 N 区漂移到 P 区的空穴补充了原来交界面上 P 区失去的空穴，从 P 区漂移到 N 区的电子补充了原来交界面上 N 区失去的电子，即漂移运动的结果是使空间电荷区变窄。多子的扩散和少子的漂移既相互联系，又相互矛盾。

在初始阶段，扩散运动占优势，随着扩散运动的进行，空间电荷区不断加宽，内电场逐步加强；内电场的加强又阻碍了扩散运动，这使得多子的扩散逐步减弱。扩散运动的减弱显然伴随着漂移运动的不断加强。最后，当扩散运动和漂移运动达到动态平衡时，形成一个稳定的空间电荷区，这个相对稳定的空间电荷区就叫作 PN 结。

空间电荷区内基本不存在导电的载流子，因此导电率很低，相当于介质。在 PN 结两侧的 P 区和 N 区则导电率相对较高，类似于导体。可见，PN 结具有电容效应，这种效应称为 PN 结的结电容。

2．PN 结的单向导电性

PN 结在无外加电压的情况下，扩散运动和漂移运动处于动态平衡状态，PN 结的宽度固定不变。如果在 PN 结两端加上电压，扩散与漂移运动的动态平衡就会被破坏。

（1）PN 结正向偏置

把电源电压的正极与 P 区引出端相连，负极与 N 区引出端相连时，PN 结为正向偏置，简称 PN 结正偏。PN 结正偏时，外部电场的方向是从 P 区指向 N 区，与 PN 结内电场的方向相反，外电场驱使 P 区的空穴进入空间电荷区抵消一部分负空间电荷，同时 N 区的自由电子进入空间电荷区抵消一部分正空间电荷，结果使空间电荷区变窄，内电场被削弱。内电场的削弱使多数载流子的扩散运动得以增强，形成较大的扩散电流（扩散电流即通常所说的导通电流，主要由多子的定向移动形成）。在一定范围内，外电场越强，正向电流越大，PN 结对正向电流呈现的电阻越小，PN 结的这种低阻状态在电子技术中称为 PN 结正向导通，正向导通作用原理如图 1.9 所示。

PN 结正向偏置

（2）PN 结反向偏置

把电源的正、负极位置换一下，即 P 区接电源负极，N 区接电源正极，即构成 PN 结反向偏置。PN 结反偏时，外加电场与空间电荷区的内电场方向一致，这同样会破坏扩散与漂移运动平衡状态。外加电场驱使空间电荷区两侧的空穴和自由电子移走，使空间电荷区变宽，内电场继续增强，造成多数载流子扩散运动难于进行，同时加强了少数载流子的漂移运动，形成由 N 区流向 P 区的反向电流。但是，常温下少数载流子恒定且数量不多，故反向电流极小，极小的电流说明 PN 结的反向电阻极高，通常可以认为 PN 结不导电，处于截止状态，这种情况在电子技术中称为 PN 结的反向阻断。PN 结的反向阻断作用原理如图 1.10 所示。

PN 结反向偏置

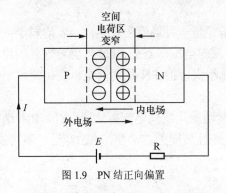

图 1.9　PN 结正向偏置

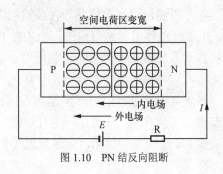

图 1.10　PN 结反向阻断

当外加反向电压在一定范围内变化时，反向电流几乎不随外加电压的变化而变化。这是因为反向电流是由少子漂移形成的，在热激发下，少子数量增多，PN 结反向电流增大。换句话说，只要温度不发生变化，少数载流子的浓度就不变，即使反向电压在允许的范围内增加再多，也无法使少子的数量增加，这里反向电流趋于恒定，因此反向电流又称为反向饱和电流。值得注意的是，反向电流是造成电路噪声的主要原因之一，因此，在设计电子电路时，通常要考虑温度补偿问题。

PN 结的上述"正向导通，反向阻断"作用，说明 PN 结具有单向导电性。PN 结的单向导电性是半导体器件的主要工作机理。

1.1.6　PN 结的反向击穿问题

PN 结反向偏置时，在一定的电压范围内，流过 PN 结的电流很小，通常可忽略不计。但是，当反偏电压超过某一数值时，反向电流将骤然增大，这种现象称为 PN 结反向击穿。PN 结的反向击穿包括雪崩击穿和齐纳击穿。

1．雪崩击穿

当 PN 结反向电压增加时，空间电荷区中的内电场随之增强。在强电场作用下，少子漂移速度加快，动能增大，致使它们在快速漂移运动过程中与中性原子相碰撞，更多的价电子脱离共价键的束缚形成新的电子—空穴对，这种现象称碰撞电离。新产生的电子—空穴对在强电场作用下，再去碰撞其他中性原子，又产生新的电子—空穴对。如此连锁反应使得 PN 结中载流子的数量剧增，因而流过 PN 结的反向电流也就急剧增大。这种击穿称为雪崩击穿。雪崩击穿发生在掺杂浓度较低、外加反向电压较高的情况下。掺杂浓度低使 PN 结阻挡层比较宽，少子在阻挡层内漂移的过程中与中性原子碰撞的机会比较多，发生碰撞电离的次数也比较多。同时因掺杂浓度较低，阻挡层较宽，产生雪崩击穿的电场相对较强，即外加反向电压较高，一般出现雪崩击穿的电压至少要在 7V 以上。

2．齐纳击穿

当 PN 结两边的掺杂浓度很高，且 PN 结制作很薄时，PN 结内载流子与中性原子碰撞的机会大为减少，因而不会发生雪崩击穿。但正因为 PN 结很薄，即使所加反向电压不大，对很薄的 PN 结来说也相当于处于强大电场中，这个强电场足以把空间电荷区内的中性原子的价电子从共价键中拉出来，产生出大量的电子—空穴对，使 PN 结反向电流剧增，出现反向击穿现象。这种场效应的击穿叫齐纳击穿。齐纳击穿发生在高掺杂的 PN 结中，相应的击穿电压较低，一般小于 5V。

综上所述，雪崩击穿是一种碰撞的击穿，齐纳击穿是一种场效应击穿，二者均属于电击穿。电击穿过程通常是可逆的，当加在 PN 结两端的反向电压降低后，PN 结仍可恢复到原来的状态而不会造成永久损坏。利用电击穿时电流变化很大，但 PN 结两端电压变化却很小的特点，人们研制出工作在反向击穿区的稳压管。

虽然电击穿过程可逆，但是当反向击穿电压持续增加，反向电流持续增大时，PN 结的结温也会持续升高，升高至一定程度时，电击穿将转变性质变为热击穿，热击穿过程不可逆，会造成 PN 结的永久损坏，应尽量避免发生。

思考与练习

1. 半导体具有哪些独特性能？在导电机理上，半导体与金属导体有何区别？
2. 何谓本征半导体？什么是"本征激发"？什么是"复合"？
3. N 型半导体和 P 型半导体有何不同？各有何特点？它们是半导体器件吗？
4. 何谓 PN 结？PN 结具有什么特性？
5. 电击穿和热击穿有何不同？试述雪崩击穿和齐纳击穿的特点。

1.2 半导体二极管

1.2.1 二极管的结构类型

半导体二极管实际上就是由一个 PN 结外引两个电极构成的。半导体二极管按材料的不同可分为硅二极管和锗二极管；按结构不同又可分为点接触型、面接触型和平面型三类。

1．点接触型二极管

点接触型二极管如图 1.11（a）所示。点接触型是用一根细金属丝和一块半导体熔焊在一起构成 PN 结的，因此 PN 结的结面积很小，结电容量也很小，不能通过较大电流；但点接触型二极管管的高频性能好，常常用于高频小功率场合，如高频检波、脉冲电路及计算机里的高速开关元件。

2．面接触型二极管

面接触型二极管如图 1.11（b）所示。面接触型二极管一般用合金方法制成较大的 PN 结，由于其结面积较大，因此结电容量也大，允许通过较大的电流（几安至几十安），适宜用作大功率低频整流器件，主要用在把交流电变换成直流电的"整流"电路中。

3．平面型二极管

平面型二极管如图 1.11（c）所示。这类二极管采用二氧化硅作保护层，可使 PN 结不受污染，而且大大减少了 PN 结两端的漏电流，由于半导体表面制作得很平整，故而得名平面型二极管。平面型二极管的质量较好，批量生产中产品性能比较一致。平面型二极管结面积较小的用作高频管或高速开关管，结面积较大的用作大功率调整管。

目前，大容量的整流元件一般都采用硅管。二极管的型号中，通常硅管用 C 表示，如 2CZ31 表示用 N 型硅材料制成的管子型号；锗管一般用 A 表示，如 2AP1 表示用 N 型锗材料制成的管子型号。

普通二极管的电路符号如图 1.11（d）所示，P 区引出的电极为正极（阳极），N 区引出的电极为负极（阴极）。

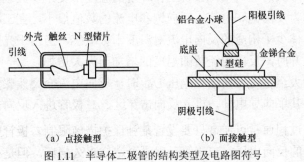

（a）点接触型　　　　　　（b）面接触型
图 1.11　半导体二极管的结构类型及电路图符号

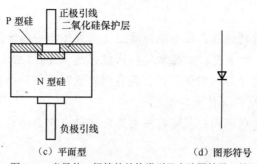

正极引线
P 型硅
二氧化硅保护层

N 型硅

负极引线

（c）平面型　　　　　　　　（d）图形符号

图 1.11　半导体二极管的结构类型及电路图符号（续）

1.2.2　二极管的伏安特性

二极管的伏安特性曲线如图 1.12 所示。

观察二极管的伏安特性曲线，当二极管两端的正向电压较小时，通过二极管的电流基本为零。这说明：较小的正向电压电场还不足以克服 PN 结内电场对扩散运动的阻挡作用，二极管仍呈现高阻态，基本上处于截止状态，我们把这段区域称为死区。通常硅管的死区电压约为 0.5V，锗管的死区电压约为 0.1V。

继续观察二极管的特性曲线。当外加正向电压超过死区电压后，PN 结的内电场作用将被大大削弱或抵消，此时二极管导通，正向电流由零迅速增长。处于正向导通区的普通二极管，正向电流在一定范围内变化时，其管压降基本不变，硅管为 0.6～0.8V，其典型值通常取 0.7V；

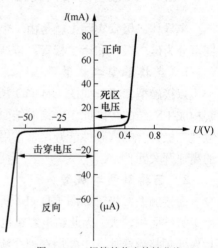

图 1.12　二极管的伏安特性曲线

锗管为 0.2～0.3V，其典型值常取 0.3V，这些数值表明二极管的正向电流

二极管的伏安特性

大小通常取决于半导体材料的电阻。在二极管的正向导通区（死区电压至导通压降的一段电压范围），二极管中通过的正向电流与二极管两端所加正向电压具有一一对应关系，正向导通区内二极管两端所加电压过高时，必然造成正向电流过大使二极管过热而损坏，所以二极管正偏工作时，通常需加分压限流电阻。

观察二极管的反向伏安特性。在外加反向电压低于反向击穿电压 U_{BR} 的一段范围内，二极管的工作区域称为反向截止区。在反向截止区内，通过二极管的反向电流是半导体内部少数载流子的漂移运动形成的，只要二极管工作环境的温度不变，少数载流子的数量就保持恒定，因此少子又被称为反向饱和电流。反向饱和电流的数值很小，在工程实际中通常近似视为零值。但是，半导体少子构成的反向电流对温度十分敏感，当由于光照、辐射等原因使二极管所处环境温度上升时，反向电流将随温度的增加而大大增加。

反向电压继续增大至超过反向击穿电压 U_{BR} 时，反向电流会突然骤然剧增，特性曲线向下骤降，二极管失去其单向导电性，进入反向击穿区。二极管进入反向击穿区将发生电击穿现象，由于电击穿的过程通常可逆，只要设置某种保护措施限制二极管中通过的反向电流或降低加在二极管两端的反向电压，二极管一般不会造成永久损坏。但是在不采取任何措施的情况下继续增大反向电压，反向电流将进一步骤增，致使消耗在二极管 PN 结上的功率超过 PN 结所能承受的限度，这时二极管将因过热而烧毁，这种破坏现象称二极管发生热击穿，热击穿过程不可逆，极易造成二极管的永久损坏。

综上所述，二极管的特性曲线共分为 4 个区：死区、正向导通区、反向截止区和反向击穿区。

1.2.3 二极管的主要技术参数

二极管的参数很多，有些参数仅仅表示管子性能的优劣，而另一些参数则属于至关重要的极限参数，熟悉和理解二极管的主要技术参数，可以帮助我们正确使用二极管。

1. 最大耗散功率 P_{max}

二极管的最大允许耗散功率用它的极限参数 P_{max} 表示，数值上等于通过管子的电流与加在管子两端电压的乘积。过热是电子器件的大敌，二极管能耐受住的最高温度决定它的极限参数 P_{max}，使用二极管时一定要注意，不能超过此值，如果超过则二极管将烧损。

2. 最大整流电流 I_{DM}

在实际应用中，二极管工作在正向范围时的压降近似为一个常数，所以它的最大耗散功率通常用最大整流电流 I_{DM} 表示。最大整流电流是指二极管长期安全使用时，允许流过二极管的最大正向平均电流值，也是二极管的重要参数。

点接触型二极管的最大整流电流通常在几十毫安以下；面接触型二极管的最大整流电流可达 100 毫安；对大功率二极管而言可达几安。在二极管使用过程中，电流若超出此值，可能引起 PN 结过热而使管子烧坏。因此，大功率二极管为了降低结温，增加管子的负载能力，通常都要把管子安装在规定散热面积的散热器上使用。

3. 最高反向工作电压 U_{RM}

最高反向工作电压 U_{RM} 是指二极管反向偏置时，允许加的最大电压瞬时值。若二极管工作时的反向电压超过了 U_{RM} 值，二极管有可能被反向击穿而失去单向导电性。为确保安全，手册上给出的最高反向工作电压 U_{RM} 通常为反向击穿电压的 50%～70%，即留有余量。

4. 反向电流 I_R

二极管未击穿时的反向电流值称为反向电流 I_R。I_R 值越小，二极管的单向导电性越好。反向电流 I_R 随温度的变化而变化较大，这一点要特别加以注意。

5. 最高工作频率 f_M

最高工作频率 f_M 的值由 PN 结的结电容大小决定。二极管的工作频率若超过该值，则二极管的单向导电性能变差。

除上述参数外，二极管的参数还有最高使用温度、结电容等。在实际应用中，要认真查阅半导体器件手册，合理选择二极管。

1.2.4 二极管的应用

几乎在所有的电子电路中，都要用到半导体二极管，二极管是诞生最早的半导体器件之一，在许多电路中都起着重要的作用，应用范围十分广泛。

1. 二极管整流电路

单向半波整流电路

利用二极管的单向导电性，可以把交变的正弦波变换成单一方向的脉动直流电。

图 1.13（a）为一个单相半波整流电路。图中变压器 Tr 的输入电压为单相正弦交流电压，波形如图 1.13（b）所示。变压器的输出端和二极管 VD 相串联后与负载电阻 R_L 相接。由于二极管的单向导电性，只有变压器 Tr 的输出电压正半周大于死区的部分，才能使二极管 VD 导通，其余输出均被二极管阻断，因此，负载 R_L 上获得的电压是如图 1.13（c）所示的单向半波整流，电路实现了对输入的半波整流。

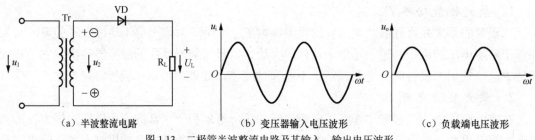

（a）半波整流电路　　　　（b）变压器输入电压波形　　　　（c）负载端电压波形

图 1.13　二极管半波整流电路及其输入、输出电压波形

图 1.14（a）为单相全波整流电路。图 1.14（b）是电路输入的正弦交流电压波形。

当变压器 Tr 输出正半周时，二极管 VD_1 导通、VD_2 截止，电流由变压器次级上引出端→VD_1→负载 R_L→回到变压器次级中间引出端，R_L 上得到了第一个输出电压正向半波；变压器 Tr 输出负半周时，二极管 VD_2 导通、VD_1 截止，电流由变压器次级下引出端→VD_2→负载 R_L→回到变压器次级中间引出端，R_L 上得到了第二个输出电压正向半波。如此不断循环往复，负载 R_L 两端就得到一个如图 1.14（c）所示的单向整流电压，实现了对输入的全波整流。

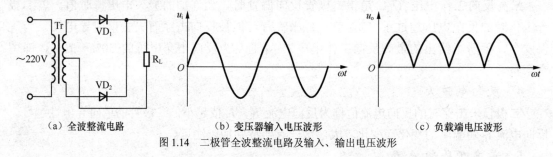

（a）全波整流电路　　　　（b）变压器输入电压波形　　　　（c）负载端电压波形

图 1.14　二极管全波整流电路及输入、输出电压波形

图 1.15（a）所示为桥式全波整流电路。图 1.15（b）所示为电路输入的正弦交流电压波形。

当变压器 Tr 输出正半周时，二极管 VD_1、VD_3 导通，VD_4、VD_2 截止，电流由变压器次级上引出端→VD_1→负载 R_L→VD_3→回到变压器次级下引出端，R_L 上得到了第一个输出电压正向半波；变压器 Tr 输出负半周时，二极管 VD_2、VD_4 导通，VD_3、VD_1 截止，电流由变压器次级下引出端→VD_2→负载 R_L→VD_4→回到变压器次级上引出端，R_L 上得到了第二个输出电压正向半波。如此不断循环往复，负载 R_L 两端就得到一个如图 1.15（c）所示的单方向的输出电压，从而实现了对输入的全波整流。

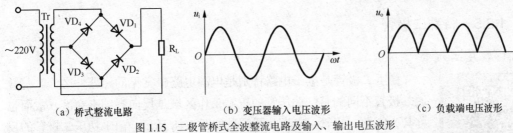

（a）桥式整流电路　　　（b）变压器输入电压波形　　　（c）负载端电压波形

图1.15　二极管桥式全波整流电路及输入、输出电压波形

2. 二极管钳位电路

图1.16为二极管钳位电路，此电路利用了二极管正向导通时压降很小的特性。限流电阻 R 的一端与直流电源 U（+）相连，另一端与二极管阳极相连，二极管阴极连接端子为电路输入端 A，阳极向外引出的 F 点为电路输出端。

当图中 A 点电位为 0 时，二极管 VD 正向导通，按理想二极管来分析，即二极管正向导通时压降为 0，则输出端 F 的电位被钳制在 0 伏，$V_F \approx 0$。若 A 点电位较高，不能使二极管导通时，电阻上无电流通过，输出端 F 的电位就被钳制在 U（+）。

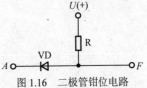

图1.16　二极管钳位电路

3. 二极管双向限幅电路

在图1.17所示的二极管双向限幅电路中，二极管正向导通后，其正向压降基本保持不变（硅管为 0.7V，锗管为 0.3V）。利用这一特性，二极管在电路中作为限幅元件，可以把信号幅度限制在一定范围内。利用二极管正向导通时压降很小且基本不变的特点，还可以组成各种限幅电路。

二极管限幅电路

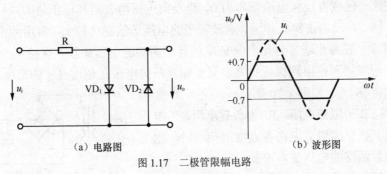

（a）电路图　　　　　　　　　（b）波形图

图1.17　二极管限幅电路

【例1.1】　图1.17（a）为二极管双向限幅电路。已知 $u_i = 1.41\sin\omega t\text{V}$，图中 VD$_1$、VD$_2$ 均为硅管，导通时管压降 $U_D = +0.7\text{V}$。试画出输出电压 u_o 的波形。

【解】由图1.17（a）可知，$u_i > U_D$ 时，二极管 VD$_1$ 导通、VD$_2$ 截止，输出 $u_o = U_D = +0.7\text{V}$；当 $u_i < -U_D$ 时，二极管 VD$_2$ 导通、VD$_1$ 截止，输出 $u_o = -U_D = -0.7\text{V}$；当输入电压在±0.7V 之间时，两个二极管都不能导通，因此，电阻 R 上无电流通过，$u_o = u_i$。

由上述分析结果可画出输出电压波形如图1.17（b）所示。显然，图示电路中的两个二极管起到了将输出限幅在±0.7V 的作用。

除此之外，二极管还应用于检波、元件保护以及在脉冲与数字电路中用作开关元件等。总之，电子工程实用中，二极管的应用很广，在此不一一赘述了。

1.2.5 特殊二极管

1.稳压二极管

　　稳压二极管是电子电路特别是电源电路中常见的元器件之一。与普通二极管不同的是，稳压管的正常工作区域是反向齐纳击穿区，故而也称其为齐纳二极管，实物及图符号如图1.18所示。由于稳压二极管的反向击穿可逆，因此工作时不会发生"热击穿"。

　　稳压二极管是由硅材料制成的特殊面接触型晶体二极管，其伏安特性与普通二极管相似，如图1.19所示。图示稳压管的反向击穿特性比较陡直，说明其反向电压基本不随反向电流变化而变化，这就是稳压二极管的稳压特性。

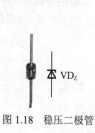

图1.18　稳压二极管

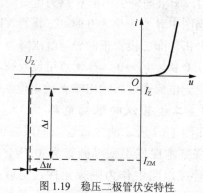

图1.19　稳压二极管伏安特性

　　由稳压管的伏安特性曲线可看出：稳压二极管反向电压小于其稳压值 U_Z 时，反向电流很小，可认为在这一区域内反向电流基本为0。当反向电压增大至其稳压值 U_Z 时，稳压管进入反向击穿工作区。在反向击穿工作区，通过管子的电流虽然变化较大（常用的小功率稳压管，反向工作区电流一般为几毫安至几十毫安），但管子两端的电压却基本保持不变。利用这一特点，把稳压二极管接入稳压管稳压电路，只要输入反向电压在超过 U_Z 的范围内变化，负载电压则一直稳定在 U_Z，如图1.20所示。

　　图1.20中，R为限流电阻，R_L 为负载电阻，当电源电压波动或其他原因造成电路各点电压变动时，稳压管可保证负载两端的电压基本不变。

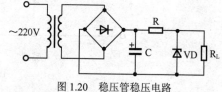

图1.20　稳压管稳压电路

　　稳压二极管与其他普通二极管的最大不同之处就是它的反向击穿可逆，当去掉反向电压时，稳压管也随即恢复正常。但任何事物都不是绝对的，如果反向电流超过稳压二极管的允许范围，稳压二极管同样会发生热击穿而损坏。因此，在实际电路中，为确保稳压管工作于可逆的齐纳击穿状态而不会发生热击穿，使用时稳压二极管一般需串联分压限流电阻，以确保工作电流不超过最大稳定电流 I_{ZM}。

　　稳压管常用在小功率电源设备中的整流滤波电路之后，起到稳定直流输出电压的作用。除此之外，稳压管还常用于浪涌保护电路、电视机过压保护电路、电弧控制电路、手机电路等。例如，在手机电路中所用的受话器、振动器都带有线圈，当这些电路工作时，由于线圈的电磁感应常会导致一个个很高的反向峰值电压，如果不加以限制就会引起电路损坏，而用稳压二极管构成一定的浪涌保护电路后，就可以起到防止反向峰值电压引起的电路损坏。

描述稳压管特性的主要参数为稳压值 U_Z 和最大稳定电流 I_{ZM}。

稳定电压 U_Z 是稳压管正常工作时的额定电压值。由于半导体生产的离散性，手册中的 U_Z 往往给出的是一个电压范围值。例如，型号为 2CW18 的稳压管，其稳压值为 10～12V。这种型号的某个管子的具体稳压值是这个范围内的某一个确定的数值。

最大稳定电流 I_{ZM}，是稳压管的最大允许工作电流。在使用时，实际电流不得超过该值，超过此值时，稳压管将出现热击穿而损坏。

除此之外，稳压管的参数还有以下几种。

稳定电流 I_Z：指工作电压等于 U_Z 时的稳定工作电流值。

耗散功率 P_{ZM}：反向电流通过稳压二极管的 PN 结时，会产生一定的功率损耗使 PN 结的结温升高。P_{ZM} 是稳压管正常工作时能够耗散的最大功率。它等于稳压管的最大工作电流与相应工作电压的乘积，即 $P_{ZM}=U_ZI_{ZM}$。如果稳压管工作时消耗的功率超过了这个数值，管子将会损坏。常用的小功率稳压管的 P_{ZM} 一般为几百毫瓦至几瓦。

动态电阻 r_z：指稳压管端电压的变化量与相应电流变化量的比值，即 $r_z = \dfrac{\Delta U_z}{\Delta I_z}$。稳压管的动态电阻越小，反向伏安特性曲线越陡，稳压性能越好。稳压管的动态电阻值一般在几欧至几十欧。

2．发光二极管

半导体发光二极管（LED）是一种把电能直接转换成光能的固体发光元件，发明于 20 世纪 60 年代，在随后的数十年中，其基本用途是作为收录机等电子设备的指示灯。与普通二极管一样，发光管的管芯也是由 PN 结组成的，具有单向导电性。在发光二极管中通以正向电流，可高效率发出可见光或红外辐射，半导体发光二极管的电路图符号与普通二极管一样，只是旁边多了两个箭头，如图 1.21 所示。

图 1.21　发光二极管实物图及电路图符号

发光二极管两端加上正向电压时，空间电荷区变窄，引起多数载流子扩散，P 区的空穴扩散到 N 区，N 区的电子扩散到 P 区，扩散的电子与空穴相遇并复合而释放出能量。对于发光二极管来说，复合时释放出的能量大部分以光的形式出现，而且多为单色光（发光二极管的发光波长除了与使用材料有关外，还与 PN 结掺入的杂质有关，一般用磷砷化镓材料制成的发光二极管发红光，磷化镓发光二极管发绿光或黄光）。随着正向电压的升高，正向电流增大，发光二极管产生的光通量也随之增加，光通量的最大值受发光二极管最大允许电流的限制。

发光二极管属于功率控制器件，由于发光二极管发射准单色光、尺寸小、寿命长和价格低廉，被广泛用作电子设备的通断指示灯或快速光源、光电耦合器中的发光元件、光学仪器的光源和数字电路的数码及图形显示的七段式或阵列式器件等领域。发光二极管的工作电流一般在几毫安至几十毫安之间。

随着近年来发光二极管发光效能的逐步提升，充分发挥发光二极管的照明潜力，将发光二极管作为发光光源的可能性也越来越高，发光二极管无疑是近几年来最受重视的光源之一。一方面凭借其轻、薄、短、小的特性，另一方面借助其封装类型的耐摔、耐震及特殊的发光光形，发光二极管的确给了人们很不一样的光源选择，但是在只考虑提升发光二极管发光效能的同时，如何充分利用发光二极管的特性来解决将其应用在照明时可能会遇到的困难，目前已经是各国照明厂家研制的目标。有资料显示，近年来开发出了用于照明的新型发光二极管灯泡。这种灯泡具有效率高、寿命长的特点，可连续使用 10 万小时，比普通白炽灯泡寿命长 100 倍。

3．光电二极管

光电二极管也是一种 PN 结型半导体元件，可将光信号转换成电信号，广泛应用于各种遥控系统、光电开关、光探测器，以及以光电转换的各种自动控制仪器、触发器、光电耦合、编码器、特性识别、过程控制、激光接收等方面。在机电一体化时代，光电二极管已成为必不可少的电子元件。光电二极管的实物及电路图符号如图 1.22 所示。

为了便于接受入射光照，光电二极管的电极面积尽量做得小一些，PN 结的结面积尽量做得大一些，而且结深较浅，一般小于 1μm。光电二极管工作在反向偏置的反向截止区，光电管的管壳上有一个能射入光线的"窗口"，这个"窗口"用有机玻璃透镜封闭，入射光通过透镜正好照射在管芯上。当没有光照时，光电二极管的反向电流很小，一般小于 0.1μA，称为

图 1.22　光电二极管实物图及电路图符号

暗电流。当有光照时，携带能量的光子进入 PN 结后，把能量传给共价键上的束缚电子，使部分价电子获得能量后挣脱共价键的束缚成为电子—空穴对，称为光生载流子。光生载流子的数量与光照射的强度成正比，光的照射强度越大，光生载流子数目越大，这种特性称为"光电导"。光电二极管在一般强度的光线照射下，产生的电流叫作光电流。如果在外电路中接上负载，负载上就获得了电信号，而且这个电信号随着光的变化而相应变化。

光电二极管用途很广，有用于精密测量的从紫外到红外的宽响应光电二极管，紫外到可见光的光电二极管，用于一般测量的可见至红外的光电二极管以及普通型的陶瓷/塑胶光电二极管。精密测量光电二极管的特点是高灵敏度，高并列电阻和低电极间电容，以降低和外接放大器之间的噪声。光电二极管还常常用作传感器的光敏元件，即将光电二极管作成二极管阵列，用于光电编码，以及用在光电输入机上作光电读出器件。

光电二极管的种类很多，多应用在红外遥控电路中。为减少可见光的干扰，常采用黑色树脂封装，可滤掉 700nm 波长以下的光线。光电二极管对长方形的管子，往往做出标记角，指示受光面的方向。一般情况下管脚长的为正极。

光电二极管的管芯主要用硅材料制作。检测光电二极管好坏可用以下 3 种方法。

电阻测量法：用万用表 $R \times 100$ 或 $R \times 1k$ 挡。像测普通二极管一样，正向电阻应为 10kΩ 左右，无光照射时，反向电阻应为 ∞，然后让光电二极管见光，光线越强反向电阻应越小。光线特强时，反向电阻可降到 1kΩ 以下。这样的管子就是好的。若正反向电阻都是 ∞ 或 0，说明管子是坏的。

电压测量法：把指针式万用表接在直流 1V 左右的挡位。红表笔接光电二极管正极，黑表笔接负极，在阳光或白炽灯照射下，其电压与光照强度成正比，一般可达 0.2～0.4V。

电流测量法：把指针式万用表拨在直流 50μA 或 500μA 挡，红表笔接光电二极管正极，黑表笔接负极，在阳光或白炽灯照射下，短路电流可达数十到数百微安。

4．变容二极管

PN 结的结电容 C_j 包含两个部分：扩散电容 C_D 和势垒电容 C_B，其中扩散电容 C_D 反映了 PN 结形成过程中，外加正偏电压改变时，引起扩散区内存储的电荷量变化而造成的电容效

应；势垒电容 C_B 反映的则是 PN 结这个空间电荷区的宽度随外加偏压改变时，引起累积在势垒区的电荷量变化而造成的电容效应。因此，PN 结的结电容 C_i 除了与空间电荷区的宽度、PN 结两边半导体的介电常数以及 PN 结的截面积大小有关外，还随工作电压的变化而变动，当 PN 结正偏时，由于扩散电容 C_D 与正偏电流近似成正比，因此 PN 结的结电容以扩散电容 C_D 为主，即 $C_i \approx C_D$；而当 PN 结反偏时，C_i 虽然很小，但 PN 结的反向电阻很大，此时 PN 结的结电容 C_i 的容抗将随工作频率的提高而降低，势垒电容 C_B 随反向偏置电压的增大而变化，这时 PN 结上的结电容 C_i 又以势垒电容 C_B 为主，即 $C_i \approx C_B$。在实际工程中，利用二极管的结电容随反向电压的变化而变化的特点，在反偏高频条件下，若二极管可取代可变电容使用，则这样的二极管称为变容二极管。

变容二极管在电子技术中通常用于高频技术中的调谐回路、振荡电路、锁相环路以及电视机高频头的频道转换和调谐电路中作为可变电容使用，正常工作时应反向偏置。变容二极管制造所用材料多为硅或砷化镓单晶，并采用外延工艺技术制成。

5．激光二极管

激光二极管是在发光二极管的 PN 结间安置一层具有光活性的半导体，构成一个光谐振腔，工作时正向偏置，可发射出激光。

激光二极管的应用非常广泛，在计算机的光盘驱动器、激光打印机中的打印头，激光唱机、激光影碟机中都有激光二极管。

思考与练习

1．二极管的伏安特性曲线上共分几个工作区？试述各工作区的电压、电流关系。

2．普通二极管进入反向击穿区后是否一定会被烧损？为什么？

3．反向截止区的电流具有什么特点？为何称为反向饱和电流？

4．试判断图 1.23 所示电路中二极管各处于什么工作状态？设各二极管的导通电压为 0.7V，求输出电压 U_{AO}。

5．把一个 1.5V 的干电池直接正向连接到二极管的两端，有可能出现什么问题？

6．理想二极管电路如图 1.24 所示。已知输入电压 $u_i=10\sin\omega t$V，试画出输出电压 u_o 的波形。

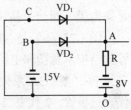

图 1.23 思考与练习 4 题图

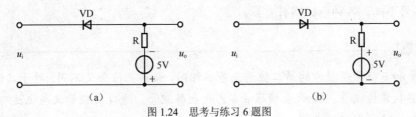

图 1.24 思考与练习 6 题图

1.3 双极型半导体三极管（BJT）

半导体三极管又称为晶体三极管，是组成各种电子线路的核心器件。三极管的问世使 PN 结的应用发生了质的飞跃。

1.3.1　BJT 的结构组成

BJT 是双极型三极管的英文简称，由于 BJT 工作时多数载流子和少数载流子同时参与导电，故而称为双极型三极管。BJT 按照 PN 结的组合方式，可分为 PNP 型和 NPN 型两种，其结构示意图和电路图符号如图 1.25 所示。

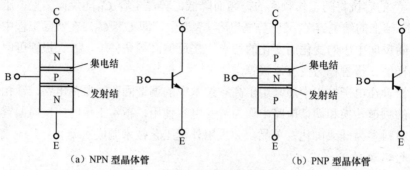

（a）NPN 型晶体管　　　　　　　　（b）PNP 型晶体管

图 1.25　两种三极管的结构示意图

双极型三极管按频率高低又可分为高频管、低频管；根据功率大小可分为大功率管、中功率管和小功率管；按照材料的不同可分为硅管和锗管，等等。

双极型三极管无论何种类型，基本结构都包括发射区、基区和集电区；其中发射区和集电区类型相同，或为 P 型（或为 N 型），而基区或为 N 型（或为 P 型），因此，发射区和基区之间、基区和集电区之间必然各自形成一个 PN 结；由三个区分别向外各引出一个铝电极，由发射区引出的铝电极称为发射极，由基区引出的铝电极叫作基极，由集电区引出的铝电极是集电极。即一个晶体管内部有三个区、两个 PN 结和三个外引铝电极。

图 1.25（a）是 NPN 型晶体管的结构示意图和电路图符号，图 1.25（b）是 PNP 型晶体管的结构示意图和电路图符号。当前国内生产的硅晶体管多为 NPN 型（3D 系列），锗晶体管多为 PNP 型（3A 系列）。国产管的型号中，每一位都有特定含义。例如，3AX31，第一位 3代表三极管，2 代表二极管；第二位代表材料和极性，A 代表 PNP 型锗材料，B 代表 NPN 型锗材料，C 为 PNP 型硅材料，D 为 NPN 型硅材料；第三位表示用途，X 代表低频小功率管，D 代表低频大功率管，G 代表高频小功率管，A 代表高频大功率管；型号后面的数字是产品的序号，序号不同，各种指标略有差异。

 注　意

　　二极管和三极管在型号的第二位意义基本相同，而第三位含义不同。对于二极管来说，第三位的 P 代表检波管，W 代表稳压管，Z 代表整流管。进口三极管又与上述有所不同，需要读者在具体使用过程中留心相关资料。

1.3.2　BJT 的电流放大作用

三极管的特性不同于二极管，三极管在模拟电子技术中的基本功能是电流放大。

1．双极型三极管的结构特点

若要让三极管起电流放大作用，把两个 PN 结简单地背靠背连在一起是不行的。因此，首先应在结构上考虑满足三极管的电流放大条件。

制造三极管时，为了有足够的电子供发射，有意识地在三极管内部的发射区（e 区）进行较高浓度的掺杂；而发射出来的电子为了减少其在基区的复合数量，以尽量减小基极电流，需把基区（b 区）的掺杂质浓度降至很低且制作很薄，厚度仅为几到几十微米；为使发射到集电结边缘的电子能够顺利地被集电区收集而形成较大的集电极电流，把集电区的掺杂质浓度介于发射区和基区之间，且把集电区体积做得最大。这样形成的结构使得发射区和基区之间的 PN 结（发射结）的结面积较小，集电区和基区之间的 PN 结（集电结）的结面积较大，这种结构特点保证了三极管实现电流放大的关键所在和内部条件。

显然，由于各区内部结构上的差异，双极型三极管的发射极和集电极在使用中是绝不能互换的。

2. 双极型三极管电流放大的外部条件

三极管的发射区面积小且高掺杂，作用是发射足够的载流子；集电区掺杂浓度低且面积大，作用是顺利收集扩散到集电区边缘的载流子；基区制造得很薄且掺杂浓度最低，作用是传输和控制发射到基区的载流子。但三极管要真正在电路中起电流放大作用，还必须遵循发射结正偏、集电结反偏的外部条件。

（1）发射结正偏

发射结正向偏置时，发射区和基区的多数载流子很容易越过发射结互相向对方扩散，但因发射区载流子浓度远大于基区的载流子浓度，因此通过发射结的扩散电流基本上是发射区向基区扩散的多数载流子，即发射区向基区扩散的多子构成发射极电流 I_E。

另外，由于基区的掺杂质浓度较低且很薄，从发射区注入基区的大量多数载流子，只能有极少一部分与基区中的多子相"复合"，复合掉的载流子又会由基极电源不断地予以补充，这是形成基极电流 I_B 的原因。

（2）集电结反偏

在基区被复合掉的载流子仅为发射区发射载流子中的极少数，剩余大部分发射载流子由于集电结反偏而无法停留在基区，绝大多数载流子继续向集电结边缘扩散。集电区掺杂质浓度虽然低于发射区，但高于基区，且集电结的结面积较发射结大很多，因此这些聚集到集电结边缘的载流子在反向结电场作用下，很容易被收集到集电区，从而形成集电极电流 I_C。三极管内部载流子运动与外部电流的形成如图 1.26 所示。

根据自然界的能量守恒定律及电流的连续性原理，三极管的发射极电流 I_E、基极电流 I_B 和集电极电流 I_C 遵循 KCL 定律，即：

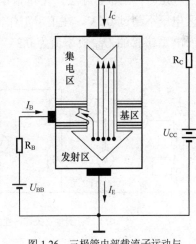

图 1.26　三极管内部载流子运动与
外部电流情况

$$I_E = I_B + I_C \tag{1-1}$$

三极管的集电极电流 I_C 稍小于 I_E，但远大于 I_B，I_C 与 I_B 的比值在一定范围内保持基本不变。特别是基极电流有微小的变化时，集电极电流将发生较大的变化。例如，I_B 由 40μA 增加到 50μA 时，I_C 将从 3.2mA 增大到 4mA，即：

$$\beta = \frac{\Delta I_C}{\Delta I_B} = \frac{(4-3.2) \times 10^{-3}}{(50-40) \times 10^{-6}} = 80 \tag{1-2}$$

式（1-2）中的 β 值称为三极管的电流放大倍数。不同型号、不同用途的三极管的 β 值相差也较大，多数三极管的 β 值通常在几十至一百多的范围。

综上所述，在双极型三极管中，两种载流子同时参与导电，微小的基极电流 I_B 可以控制较大的集电极电流 I_C，故而把双极型三极管称作电流控制型器件（CCCS）。

由于双极型三极管分为 NPN 型和 PNP 型，所以在满足发射极正偏，集电极反偏的外部条件时，对于 NPN 型三极管，外部 3 个引出电极的电位必定为：$V_C > V_B > V_E$；对于 PNP 型三极管，3 个外引电极的电位应具有：$V_E > V_B > V_C$。

1.3.3 BJT 的外部特性

1．输入特性

在图 1.27 所示的实验电路中，当集电极与发射极之间电压 U_{CE} 为常数时，输入电路中的基极电流 I_B 与发射结端电压 U_{BE} 之间的关系曲线 $I_B = f(U_{BE})$ 称为三极管的输入特性。

假如实验电路中的三极管是硅管，当 $U_{CE} \geq 1V$ 时，集电结已处反向偏置，并且内电场也

足够大，且基区又很薄，足以把从发射区扩散到基区的绝大多数载流子拉入集电区。继续增大 U_{CE} 并保持 U_{BE} 不变时，I_B 基本稳定。即 $U_{CE} > 1V$ 以后的输入特性曲线基本上与 $U_{CE} = 1V$ 的特性相重合。因此，通常以 $U_{CE} \geq 1V$ 的这条输入特性曲线作为三极管的输入特性，如图 1.28 所示。

三极管输入特性曲线

由图 1.28 可看出，三极管的输入特性与二极管的正向伏安特性相似，也存在一段死区，原因是三极管的输入端是发射结，只有在发射结外加电压大于 PN 结的死区电压时，三极管才会产生基极小电流 I_B。三极管的死区电压通常硅管约为 0.5V，锗管的死区电压不超过 0.2V。在正常工作情况下，NPN 型硅管的发射结电压 U_{BE} 的典型值为 0.7V，PNP 型锗管的 U_{BE} 典型值为 0.3V。

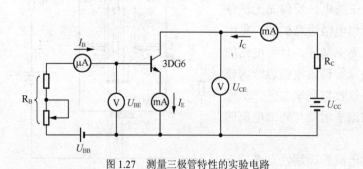

图 1.27　测量三极管特性的实验电路

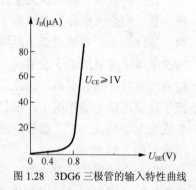

图 1.28　3DG6 三极管的输入特性曲线

2．输出特性

三极管的基极电流 I_B 为某一常数时，输出回路中集电极电流 I_C 与三极管集电极和发射极之间的电压 U_{CE} 之间的关系特性 $I_C = f(U_{CE})$ 称为输出特性。不同的基极电流 I_B，可得到不同的输出特性，所以三极管的输出特性曲线是一簇曲线。

当 $I_B = 100\mu A$ 时，在 U_{CE} 超过一定的数值（约 1V）以后，从发射区扩散到基区的多数载流子

数量大致一定。这些多数载流子的绝大多数被拉入集电区而形成集电极电流，以致当 U_{CE} 继续增高时，集电极电流 I_C 也不再有明显的增加，集电极电流不随 U_{CE} 的增大而变化的现象，说明集电极电流在三极管电流放大时具有恒流特性。

当基极电流 I_B 减小时，如 $I_B=80\mu A$，$I_B=60\mu A$……$I_B=20\mu A$ 等情况下，对应的集电极电流 I_C 也随之减小，输出特性曲线依次下移，如图 1.29 所示。

三极管输出特性曲线

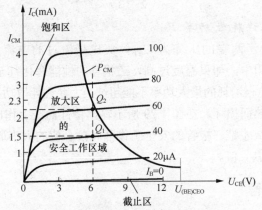

图 1.29　3DG6 三极管的输出特性曲线

在特性曲线中，I_B 是 μA 级，I_C 是 mA 级，不同的基极电流对应不同的集电极电流，但是集电极电流要比基极电流变化大得多，当基极电流减小到 0 时，集电极电流也基本为 0。即输出特性充分反映了双极型三极管工作于放大状态下的以小控大作用。

观察图 1.29 还可看出，输出特性曲线上划分出了放大、截止和饱和 3 个工作区域。

放大区：输出特性曲线近于平顶部分的是放大区。放大区有两个特点：一是三极管在放大区遵循 $I_C=\beta I_B$，即集电极电流 I_C 的大小主要受基极电流 I_B 的控制。二是随着三极管输出电压 u_{CE} 的增加，曲线微微上翘。这是因为 u_{CE} 增加时，基区有效宽度变窄，使载流子在基区复合的机会减少，在 I_B 不变的情况下，i_C 将随 u_{CE} 略有增加。三极管工作于放大区的典型外部特征是：发射结正偏，集电结反偏。

截止区：输出特性中 $I_B=0$ 以下区域称为截止区。在截止区内，NPN 型硅管 $U_{BE}<0.5V$ 时，开始截止，在工程实际中为了截止可靠，常使 $U_{BE}\leq0$。所以三极管工作在截止区的显著特征是：发射结电压为零或反向偏置。

饱和区：输出特性与纵轴之间的区域称为饱和区。在饱和区，因 I_B 的变化对 I_C 的影响较小，所以三极管的放大能力大大下降，两者不再符合以小控大的 β 倍数量关系。三极管工作在饱和区的显著特点是：发射结和集电结均正偏，饱和区内通常有 $u_{CE}<1V$。

1.3.4　BJT 的主要技术参数

为保证三极管的安全及防止其性能变坏或烧损，规定了三极管正常工作时电流、电压和功率的极限值，使用时要求不能超过任一极限值。常用的极限参数有：

1. 集电极最大允许电流 I_{CM}

当集电极电流增大时，三极管的 β 值就要减小。当 $I_C=I_{CM}$ 时，三极管的 β 值通常下降到正常额定值的三分之二。因此把 I_{CM} 称为集电极最大允许电流。显然，当 $I_C>I_{CM}$ 时，说明三极管的电流放大能力下降，但并不意味三极管会因过流而一定损坏。

2．集电极—发射极反向击穿电压 $U_{(BR)\,CEO}$

三极管基极开路时，集电极与发射极之间的最大允许电压称为集电极—发射极反向击穿电压，简称集射极反向击穿电压。为保证三极管的安全与电路的可靠性，一般应取集电极电源电压

$$U_{CC} \leqslant \left(\frac{1}{2} \sim \frac{2}{3}\right) U_{(BR)CEO} \tag{1-3}$$

3．集电极最大允许耗散功率 P_{CM}

三极管工作时，管子两端的压降为 U_{CE}，集电极流过的电流为 I_C，管子的耗散功率 $P_C = U_{CE} \times I_C$。因为在使用中，如果温度过高，三极管的性能恶化甚至损坏，所以集电极损耗有一定的限制，规定集电极消耗的最大功率不能超过最大允许耗散功率 P_{CM} 值。如果超过 P_{CM} 值，则三极管定会因过热而损坏。在图 1.29 所示输出特性曲线上作出的 P_{CM} 是一条双曲线，P_{CM} 弧线以内的平顶区域才是三极管的安全工作区。P_{CM} 值的大小通常与管子的散热条件有关，增加散热片可提高 P_{CM} 值。

1.3.5 复合晶体管

在一个管壳内装有两个以上的电极系统，且每个电极系统各自独立通过电子流，实现各自的功能，这种三极管称为复合管，如图 1.30 所示。换言之，复合管就是指用两只三极管按一定规律组合，等效成一只三极管。复合管又称达林顿管。

由图 1.30 可看出，复合管的组合方式有 4 种接法：图 1.30（a）为 NPN 管加 NPN 管构成 NPN 型复合管；图 1.30（b）中 PNP 管加 PNP 管构成 PNP 型复合管；图 1.30（c）中 NPN 管加 PNP 管构成 NPN 型复合管；图 1.30（d）中 PNP 管加 NPN 管构成 PNP 型复合管。前两种是同极性接法，后两种是异极性接法。显然复合管也有 NPN 型和 PNP 型两种，其类型与第一只管子相同。

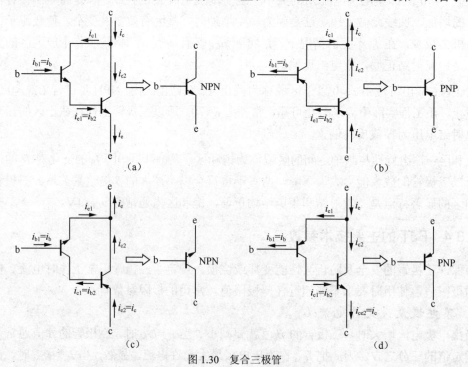

图 1.30　复合三极管

以图 1.30（a）为例，有：$i_c = i_{c1} + i_{c2} = \beta_1 i_b + \beta_2(1+\beta_1)i_{b1} = (\beta_1 + \beta_2 + \beta_1\beta_2)i_b$

显然，复合管的电流放大系数比普通三极管大得多。

由于复合管具有很大的电流放大能力，所以用复合管构成的放大电路具有更高的输入电阻。鉴于复合管的这种特点，常常用于音频功率放大电路、电源稳压电路、大电流驱动电路、开关控制电路、电机调速电路及逆变电路等。

思考与练习

1. 双极型三极管的发射极和集电极是否可以互换使用？为什么？

2. 三极管在输出特性曲线的饱和区工作时，其电流放大系数是否也等于 β？

3. 使用三极管时，只要①集电极电流超过 I_{CM} 值；②耗散功率超过 P_{CM} 值；③集—射极电压超过 $U_{(BR)CEO}$ 值，三极管就必然损坏。上述说法哪个是对的？

4. 用万用表测量某些三极管的管压降得到下列几组数据，说明每个管子是 NPN 型还是 PNP 型，是硅管还是锗管，它们各工作在什么区域。

① $U_{BE}=0.7V$，$U_{CE}=0.3V$；

② $U_{BE}=0.7V$，$U_{CE}=4V$；

③ $U_{BE}=0V$，$U_{CE}=4V$；

④ $U_{BE}=-0.2V$，$U_{CE}=-0.3V$；

⑤ $U_{BE}=0V$，$U_{CE}=-4V$。

5. 为什么使用复合管？复合管和普通三极管相比，有何特点？

1.4 单极型半导体三极管（FET）

1.4.1 单极型三极管概述

单极型三极管可用英文缩写 FET 表示，与双极型三极管 BJT 相比，无论是内部的导电机理，还是外部的特性曲线，二者都截然不同。FET 属于一种较为新型的半导体器件，尤为突出的是：FET 具有高达 $10^7 \sim 10^{15}\Omega$ 的输入电阻，几乎不取用信号源提供的电流，因而具有功耗小、体积小、重量轻、热稳定性好、制造工艺简单且易于集成化等优点。这些优点扩展了单极型三极管的应用范围，尤其在大规模和超大规模的数字集成电路中得到了更为广泛的应用。

结型场效应管
的结构

根据结构的不同，单极型三极管 FET 分为结型和绝缘栅型两大类。

结型管是利用半导体内的电场效应控制管子输出电流的大小；绝缘栅型管子则是利用半导体表面的电场效应来控制漏极输出电流的大小。两种管子都是利用电场效应原理工作，达到以小控大作用，因此电子技术中通常把单极型三极管称为场效应管。

在两类场效应管中，绝缘栅型场效应管制造工艺更为简单，更便于集成化，且性能优于结型场效应管，因而在集成电路及其他场合获得了更广泛的应用。本书仅以绝缘栅型场效应管为例，介绍单极型三极管的结构组成和工作原理。

1.4.2 场效应管的基本结构组成

绝缘栅型场效应管按其工作状态的不同可分为增强型和耗尽型两种类型，各类都有N沟

增强型 N 沟道场
效应管的结构

道和 P 沟道之分。图 1.31（a）为 N 沟道增强型场效应管结构示意图，它以一块掺杂浓度较低，电阻率较高的 P 型硅半导体薄片作为衬底，并在其表面覆盖一层很薄的二氧化硅绝缘层，再将二氧化硅绝缘层刻出两个窗口，通过扩散工艺在 P 型硅中形成两个高掺杂浓度的 N^+ 区，并用金属铝向外引出两个电极，分别称为漏极 D 和源极 S，然后在半导体表面漏极和源极之间的绝缘层上制作一层金属铝，由此向外引出的电极称为栅极 G，最后在衬底上引出一个电极 B 作为衬底引线，这样就构成了 N 沟道增强型的场效应管。

图 1.31 中的 FET 由于其栅极和其他电极之间相互绝缘，因此称其为绝缘栅场效应管。绝缘栅场效应管采用了金属铝（Metal）作为引出电极，以二氧化硅（Oxide）作为其绝缘介质，这样的半导体（Semiconductor）器件，习惯上简称为 MOS 管。

N 沟道增强型 MOS 管的电路符号如图 1.31（b）所示，N 沟道耗尽型场效应管的电路符号如图 1.31（c）所示。观察电路图符号可看出：增强型 MOS 管衬底箭头相连的是虚线，耗尽型衬底箭头相连的是实线；衬底箭头指向向里时为 N 沟道 MOS 管，若衬底箭头指向背离虚线（或实线），则为 P 沟道 MOS 管（结型场效应管的电路符号可参看其他书）。

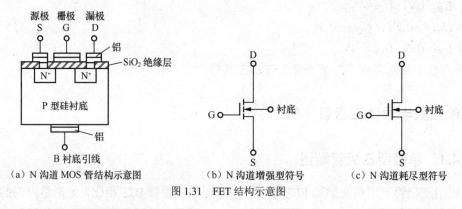

（a）N 沟道 MOS 管结构示意图　　（b）N 沟道增强型符号　　（c）N 沟道耗尽型符号

图 1.31　FET 结构示意图

1.4.3　场效应管的工作原理

以 N 沟道增强型 MOS 管为例，由图 1.32（a）可以看出，MOS 管的源极和衬底是接在一起的（大多数管子在出厂前已连接好），增强型 MOS 管的源区（N^+）、衬底（P 型）和漏区（N^+）三者之间形成了两个背靠背的 PN^+ 结，漏区和源区被 P 型衬底隔开。当栅—源极之间的电压 $U_{GS}=0$ 时，不管漏源极之间的电源 U_{DS} 极性如何，总有一个 PN^+ 结反向偏置，此时反向电阻很高，不能形成导电沟道；若栅极悬空，即使在漏极和源极之间加上电压 U_{DS}，也不会产生漏极电流 I_D，MOS 管处于截止状态。

1．导电沟道的形成

如果在栅极和源极形成的输入端加入正向电压 U_{GS}，情况就会发生变化，如图 1.32（b）所示。当 MOS 管的输入电压 $U_{GS}\neq0$ 时，栅极铝层和 P 型硅片衬底间相当于以二氧化硅层 SiO_2 为介质的平板电容器。由于 U_{GS} 的作用，在介质中产生一个垂直于半导体表面、由栅极指向 P 型衬底的电场。因为 SiO_2 绝缘层很薄，即使 U_{GS} 很小，也能让该电场高达 $10^5\sim10^6$V/cm 数量级的强度。这个强电场排斥空穴吸引电子，把靠近 SiO_2 绝缘层一侧的 P 型硅衬底中的多子空穴排斥开，留下不能移动的负离子形成耗尽层；若 U_{GS} 继续增大，耗尽层将随之加宽；

同时 P 型衬底中的少子自由电子载流子受到电场力的吸引向上运动到达表层，除填补空穴形成负离子的耗尽层外，还在 P 型硅表面形成一个 N 型薄层，称为反型层，该反型层将两个 N^+ 区连通，于是，在漏极和源极之间形成了一个 N 型导电沟道。我们把形成导电沟道时的栅源电压 U_{GS} 称为开启电压，用 U_T 表示。

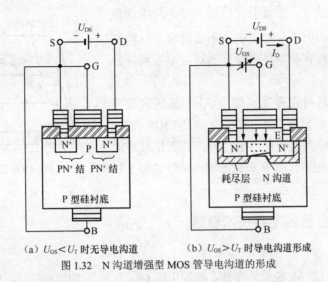

(a) $U_{GS} < U_T$ 时无导电沟道　　　(b) $U_{GS} > U_T$ 时导电沟道形成

图 1.32　N 沟道增强型 MOS 管导电沟道的形成

2．可变电阻区

很明显，在 $0 < U_{GS} < U_T$ 的范围内，漏—源极之间的 N 沟道尚未连通，管子处截止状态，漏极电流 $I_D = 0$。当 U_{GS} 一定，且 U_{DS} 从 0 开始增大，当 $U_{GD} = U_{GS} - U_{DS} < U_{GS(off)}$ 时，即 U_{DS} 很小情况下，U_{DS} 的变化直接影响整个沟道的电场强度，在此区域随着 U_{DS} 的增大，I_D 增大很快。当 U_{DS} 再继续增大到 $U_{GD} = U_{GS} - U_{DS} = U_{GS(off)}$ 时，导电沟道在漏极一侧出现了夹断

增强型 N 沟道场效应管的特性曲线

点，称为预夹断。对应预夹断状态的漏源电压 U_{DS} 和漏极电流 I_D 称为饱和电压和饱和电流，这种情况下，U_{DS} 的变化直接影响着 I_D 的变化，导电沟道相当于一个受控电阻，阻值的大小与 U_{GS} 相关。U_{GS} 越大，管子的输出电流 I_D 变得越大，r_{ds} 阻值越小。利用管子的这种特性可把 MOS 管作为一个可变电阻使用。

3．恒流区

当 $U_{GS} \geq U_T$ 且在漏源间加正向电压 U_{DS} 时，便会产生漏极电流 I_D。当 U_{DS} 使沟道产生预夹断后仍继续增大，夹断区将随之延长，而且 U_{DS} 增大的部分几乎全部用于克服夹断区对 I_D 的阻力。这时从外部看，I_D 几乎不随 U_{DS} 的增大而变化，管子进入恒流区。在恒流区，I_D 的大小仅由 U_{GS} 的大小决定。场效应管用作放大作用时，就工作在此区域。在线性放大区，场效应管的输出大电流 I_D 受输入小电压 U_{GS} 的控制，因此常把 MOS 管称为电压控制型器件。MOS 管工作在放大区的条件应符合 $U_{DS} \geq U_{GS} - U_{GS\ (off)}$（即 U_{GD} 小于 $U_{GS(off)}$）。

4．截止区

当 U_{GD} 小于 $U_{GS(off)}$ 时，管子的导电沟道完全夹断，漏极电流 $I_D = 0$，场效应管截止；在 U_{GS} 小于 U_T 时，管子导电沟道没有形成，$I_D = 0$，管子处于截止状态。

5．击穿区

随着 U_{DS} 的增大，当漏栅间的 PN 结上反向电压 U_{DG} 增大使 PN 结发生反向雪崩击穿时，I_D 急剧增大，管子进入击穿区，如果不加以限制，就会烧毁管子。

由上述分析可知，因为场效应管导电沟道形成后，只有一种载流子参与导电，所以这种管子称为单极型三极管。单极型三极管中参与导电的载流子是多数载流子，由于多数载流子不受温度变化的影响，因此单极型三极管的热稳定性要比双极型三极管好得多。

如果在制造中将衬底改为 N 型半导体，漏区和源区改为高掺杂的 P^+ 型半导体，即可构成 P 沟道 MOS 管，P 沟道 MOS 管也有增强型和耗尽层之分，其工作原理的分析步骤与上述分析类同。单极型管的输出特性如图 1.33 所示。

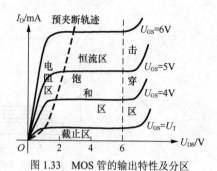

图 1.33　MOS 管的输出特性及分区

1.4.4　场效应管的主要技术参数

1．开启电压 U_t

开启电压是增强型 MOS 管的参数，栅源电压 U_{GS} 小于 U_T 的绝对值时，MOS 管不能导通。

2．输入电阻 R_{GS}

场效应管的栅源输入电阻的典型值，对于绝缘栅场型 MOS 管，输入电阻 R_{GS} 在 1M～100MΩ。由于高阻态，所以基本可认为场效应管的输入栅极电流等于零。

3．最大漏极功耗 P_{DM}

最大漏极功耗可由 $P_{DM}=U_{DS} I_D$ 决定，与双极型三极管的 P_{CM} 相当，管子正常使用时不得超过此值，否则将会由过热而造成管子损坏。

从上述极限参数的分析可知，单极型 MOS 管的参数类似双极型管，只是 MOS 管有非常高的输入电阻。另外，双极型管的击穿原理是 PN 结击穿，在有限流电阻的情况下，电击穿过程可逆。而 MOS 管的击穿机理是栅极下面的二氧化硅绝缘层被击穿，这种过程是不可逆的。

1.4.5　场效应管的使用注意事项

FET 在使用中需要注意的事项如下。

（1）在 MOS 管中，有的产品将衬底引出（即管子有 4 个管脚），以便用户视电路需要而任意连接。这时 P 型硅衬底一般应接 U_{GS} 的低电位，即保证二氧化硅绝缘层中的电场方向自上而下；N 型硅衬底通常应接高电位，即保证二氧化硅绝缘层中的电场方向自下而上。但在特殊电路中，当源极的电位很高或很低时，为了减轻源衬间电压对管子导电性能的影响，可将源极与衬底连在一起（大多产品出厂时已经把衬底与源极连在了一起）。

（2）当衬底和源极未连在一起时，场效应管的漏极和源极可以互换使用，互换后其伏安特性不会发生明显变化。若 MOS 管在出厂时已将源极和衬底连在一起，则管子的源极与漏极就不能再对调使用，这一点在使用时必须加以注意。

（3）场效应管的栅源电压不能接反，但可以在开路状态下保存。为保证其衬底与沟道之间恒为反偏。一般 N 沟道 MOS 管的衬底 B 极应接电路中的最低电位。还要特别注意可能出现栅极感应电压过高而造成绝缘层击穿的问题，因为 MOS 管的输入电阻很高，使得栅极的感应电荷不易泄放，在外界电压影响下，容易导致在栅极中产生很高的感应电压，造成管子击穿事故。所以，MOS 管在不使用时应避免栅极悬空及减少外界感应，储存时，务必将 MOS 管的 3 个电极短接。

（4）当把管子焊到电路中或从电路板上取下时，应先用导线将各电极绕在一起；所用电烙铁必须有外接地线，以屏蔽交流电场，防止损坏管子，特别是焊接 MOS 管时，最好断电后利用其余热焊接。

思考与练习

1. 双极型三极管和单极型三极管的导电机理有什么不同？为什么称双极型三极管为电流控制型器件？为什么称 MOS 管为电压控制型器件？

2. 当 U_{GS} 为何值时，增强型 N 沟道 MOS 管导通？当 U_{GD} 等于何值时，漏极电流表现出恒流特性？

3. 双极型三极管和 MOS 管的输入电阻有何不同？

4. MOS 管在不使用时，应注意避免什么问题？否则会出现何种事故？

5. 为什么说场效应管的热稳定性比双极型三极管的热稳定性好？

1.5 晶闸管（SCR）

1.5.1 晶闸管的结构组成

晶体闸流管简称晶闸管，是一种能控制大电流通断的功率半导体器件。晶闸管的问世使半导体器件从弱电领域进入强电领域，在电力电子行业中得到了广泛的应用。由于晶闸管的通断可以控制，因此又称为可控硅。晶闸管有多种类型，包括普通晶闸管、双向晶闸管、控制极关断晶闸管、逆导晶闸管、快速晶闸管等，主要用于整流、调压、逆变和开关等方面。

晶闸管具有 4 层硅半导体 P-N-P-N 和 3 个 PN 结，其内部结构、符号及产品外形如图 1.34 所示。

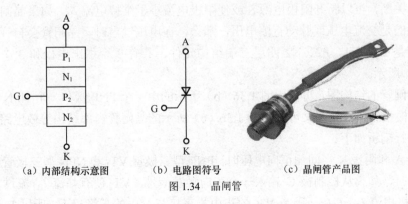

|（a）内部结构示意图 | （b）电路图符号 | （c）晶闸管产品图 |

图 1.34 晶闸管

由外层 P_1 处引出的电极是阳极 A，由外层 N_2 引出的电极是阴极 K，由中间层 P_2 引出的电极是控制极 G，控制极也称为门极。普通型晶闸管有螺栓式和平板式，如图 1.34（c）所示，左边是小功率螺旋式晶闸管，带螺栓的一端是阳极，螺栓主要用于安装散热片，另一端较粗的一根是阴极引出线，另一根较细的是控制极引出线；右边是平板式晶闸管，平板式晶闸管的中间金属环是控制极，用一根导线引出，靠近控制极的平面是阴极，另一个平面是阳极。

1.5.2 晶闸管的工作原理

晶闸管的触发电路
的工作原理

晶闸管又叫可控硅。自从 20 世纪 50 年代问世以来已经发展成了一个较大的家族，其主要成员有单向晶闸管、双向晶闸管、光控晶闸管、逆导晶闸管、可关断晶闸管、快速晶闸管等。本书主要介绍使用较多的普通单向晶闸管。

为了能够直观地认识晶闸管的工作特性，我们先来看一下如图 1.35 所示的晶闸管实验电路。晶闸管与小灯泡 EL 相串联，通过开关 S 接在直流电源上。其中阳极 A 接电源正极，阴极 K 接电源负极，控制极 G 通过按钮开关 SB 与 3V 直流电源的正极相接（实验电路中使用的是 KP5 型晶闸管，若采用 KP1 型，应接在 1.5V 直流电源的正极）。晶闸管与电源的这种连接方式叫作正向连接，也就是说，给晶闸管阳极和控制极所加的都是正向电压。

实验时，合上电源开关 S，小灯泡不会亮，说明晶闸管没有导通；这时按一下按钮开关 SB，给晶闸管的控制极输入一个触发电压，小灯泡立刻点亮，即晶闸管导通了。

继续实验：把 A 和 K 的位置对调，即阳极或控制极外加反向电压，然后按一下按钮开关 SB，给晶闸管的控制极输入一个正向触发电压，小灯泡并不亮，即晶闸管没有导通。再把 A 和 K 的位置调过来加正向电压，但是在晶闸管的控制极和阴极之间加一个反向触发，小灯泡不亮，说明晶闸管也没有导通。

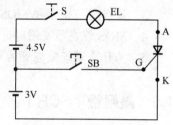

图 1.35　晶闸管实验电路

上述实验说明：若要晶闸管导通，一是需要在它的阳极 A 与阴极 K 之间外加正向电压，二是要在它的控制极 G 与阴极 K 之间输入一个正向触发电压。晶闸管导通后，松开按钮开关，去掉触发电压，晶闸管仍然维持导通状态。可见，晶闸管的 3 个电极只要位置正确，就会有"一触即发"的特点。

晶闸管控制极的作用是通过外加正向触发脉冲使晶闸管导通，却不能使它关断。若使导通的晶闸管关断，可以断开阳极电源 S 或使阳极电流小于维持电流 I_H。如果晶闸管阳极和阴极之间外加的是交流电压或脉动直流电压，那么，在电压过零时，晶闸管会自行关断。

晶闸管是 P1、N1、P2、N2 四层三端结构元件，共有 3 个引出电极和 3 个 PN 结，如图 1.36（a）所示。

根据晶闸管的结构图，可以用图 1.36（b）所示的由一个 PNP 管和一个 NPN 管组成的结构图等效。根据结构等效图又可画出图 1.36（c）所示的晶闸管内部结构等效电路图，对此等效电路图进行剖析如下。

当阳极 A 和阴极 K 之间加正向电压时，PNP 型三极管 VT_1 和 NPN 型三极管 VT_2 均处放大状态。此时，如果从控制极 G 输入一个正向触发信号，VT_2 便有基流 I_{B2} 流过，经 VT_2 放大，其集电极电流 $I_{C2}=\beta_2 I_{B2}$。因为 VT_2 的集电极直接与 VT_1 的基极相连，所以 $I_{B1}=I_{C2}$。此时，电流 I_{C2} 再经 VT_1 放大，于是 VT_1 的集电极电流 $I_{C1}=\beta_1 I_{B1}=\beta_1 \beta_2 I_{B2}$。这个电流又流回到 VT_2 的

基极，再一次被放大，形成正反馈。如此周而复始，使 I_{B2} 不断增大，这种正反馈循环的结果，使两个管子的电流剧增，晶闸管很快饱和导通。

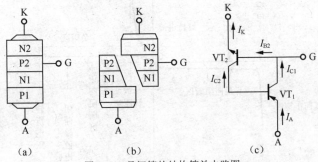

图 1.36　晶闸管的结构等效电路图

晶闸管导通后，其管压降在 1V 左右，电源电压几乎全部加在负载上，晶闸管的阳极电流 I_A 即为负载电流。

鉴于 VT_1 和 VT_2 构成的正反馈作用，晶闸管一旦导通，即使取消触发电压 U_{GK}，VT_1 中仍有较大的基极电流流过，因此晶闸管仍然处于导通状态。即晶闸管的触发信号只起触发作用，没有关断功能。

但是，若在晶闸管导通后，将电源电压 U_A 降低，使阳极电流 I_A 变小，等效晶体管的电流放大倍数 β 值就下降，当 I_A 低于某一值 I_H 时，β 值将变得小于 1，由于正反馈的作用，使 I_A 越来越小，最终导致晶闸管关断，把维持电流晶闸管导通的最小电流 I_H 称为维持电流，只要通过晶闸管阳极的电流小于维持电流 I_H，晶闸管将自行关断。

如果电源电压 U_A 反接，使晶闸管承受反向阳极电压，两个等效晶体管就都会处于反偏，不能对控制极电流进行放大，这时无论是否加触发电压，晶闸管都不会导通，处于关断状态。

晶闸管只有导通和关断两种工作状态，这种开关特性需要在一定的条件下转化，其转化的条件见表 1-1。

表 1-1　　　　　　　　　　　晶闸管开关特性转化条件

状　态	条　件	说　明
从关断到导通	（1）阳极电位高于阴极电位 （2）控制极有足够的正向电压和电流	两者缺一不可
维持导通	（1）阳极电位高于阴极电位 （2）阳极电流大于维持电流	两者缺一不可
从导通到关断	（1）阳极电位低于阴极电位 （2）阳极电流小于维持电流	任一条件都可以

1.5.3　晶闸管的伏安特性

上述分析中所指的正向阳极电压和反向阳极电压都要有一定的限度，晶闸管才能处于正常工作状态。当正向阳极电压大到正向转折电压时，虽未加触发电压，晶闸管也会导通，这种情况下的"硬导通"极易造成器件损坏。当反向电压大到反向击穿电压时，晶闸管同样会被"击穿导通"，这也会致使器件永久性损坏。晶闸管的伏安特性如图 1.37 所示。

单向晶闸管的
伏安特性

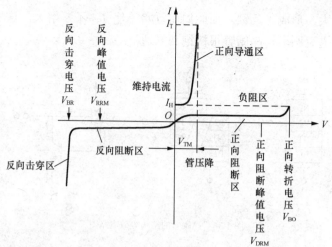

图 1.37 晶闸管的伏安特性

当晶闸管加正向阳极电压时,其特性曲线位于第一象限。当控制极 $I_G=0$ 未加触发电压时,只有很小的正向漏电流流过,晶闸管处于正向阻断状态。随着正向阳极电压的不断升高, 曲线开始上翘。当正向阳极电压超过正向阻断峰值电压 U_{DRM},且到达晶闸管的临界极限值正向转折电压 U_{BO} 时,漏电流将急剧增大,晶闸管便由正向阻断状态转变为导通状态,瞬间可流过很大的电流,但是晶闸管的通态管压降只有 1V 左右。显然,导通后的晶闸管特性和二极管的正向特性相仿。但是这种叫"硬开通"是晶闸管正常工作时不允许的,"硬开通"会造成晶闸管永久损坏。

如果控制极有触发电压加入,在控制极上就会有正向电流 I_G,即便只加较低的正向阳极电压,晶闸管也会导通,此时正向转折电压 U_{BO} 降低,随着控制门极电流幅值的增大,正向转折电压 U_{BO} 降得越低。

在晶闸管导通期间,如果门控极电流为 0,并且阳极电流降至维持电流 I_H 以下,则晶闸管又回到正向阻断状态。

当晶闸管上施加反向阳极电压时,其伏安特性曲线位于第三象限,此时电流很小,称为反向漏电流。当反向阳极电压大到反向击穿电压 U_{RRM} 时,反向漏电流急剧增加,晶闸管也会从反向阻断状态变为导通状态,称为"反向击穿"。显然,晶闸管的反向特性类似二极管的反向特性。通常,晶闸管的 U_{DRM} 和 U_{RRM} 基本相等。

晶闸管主电路与控制电路的公共端是阴极。晶闸管的门控极触发电流从门控极流入晶闸管,从阴极流出,门控极触发电流也往往是通过触发电路在门控极和阴极之间施加触发电压而产生的,这一点要注意,正因为如此,晶闸管要求同步触发。

1.5.4 晶闸管的主要技术参数

晶闸管的主要技术参数如下。

1. 正向峰值电压(断态重复峰值电压)U_{DRM}

在门控极断路、晶闸管处在正向阻断状态下,且管子结温为额定值时,允许在晶闸管上"重复"加正向峰值电压。而所谓的"重复",是指这个大小的电压重复施加时晶闸管不会损坏。此参数取正向转折电压的80%,即 $U_{DRM}=0.8U_{BO}$。普通晶闸管的 U_{DRM} 的规格从 100V 到 3000V

分多挡，其中 100V～1000V 每 100V 为一挡；1000V～3000V 每 200V 为一挡。

2．反向重复峰值电压 U_{RRM}

反向重复峰值电压 U_{RRM} 是指在门控极开路状态下，结温为额定值时，允许重复加在器件上的反向峰值电压。此参数通常取反向击穿电压的 80%，即 $U_{RRM}=0.8U_{BR}$。一般反向峰值电压 U_{RRM} 与正向峰值电压 U_{DRM} 这两个参数相等。

3．通态峰值电压 U_{TM}

通态峰值电压 U_{TM} 是指晶闸管通以某一规定倍数的额定通态平均电流时的瞬态峰值电压。通常取晶闸管的 U_{DRM} 和 U_{RRM} 中较小的标值作为晶闸管的额定电压。选用时，晶闸管的额定电压要留有一定的裕量，一般额定电压取值为正常工作时，晶闸管所承受峰值电压的 2～3 倍。

4．控制极触发电压 U_G

控制极触发电压 U_G 是指与控制极触发电流相对应的直流触发电压，U_G 的值一般为 1～5V。

5．额定通态平均电流 I_T

额定通态平均电流 I_T 是指晶闸管在环境温度为 40℃ 和规定的冷却状态下，稳定结温不超过额定结温时允许流过的最大工频正弦半波电流的平均值。使用时应按实际电流与通态平均电流有效值相等的原则来选取晶闸管，但是按照留有一定裕量的原则，一般取值为正常通态平均电流有效值的 1.5～2 倍。普通晶闸管的额定通态平均电流 I_T 的规格有 1A、3A、5A、10A、20A、30A、50A、100A、200A、300A、400A、500A、600A、800A、1000A。

6．维持电流 I_H

维持电流 I_H 是指能使晶闸管维持导通状态时必需的最小电流，一般为几十到几百毫安，与结温有关，结温越高，I_H 值越小。额定通态平均电流 I_T 越大，I_H 越大。

7．控制极触发电流 I_G

I_G 是指在规定的环境温度下，维持晶闸管从阻断状态转为完全导通状态时所需的最小直流电流。I_G 的数值一般为几到几百毫安，额定通态平均电流 I_T 越大，I_G 越大。

晶闸管的参数很多，在选择晶闸管时，主要选择额定通态平均电流 I_T 和反向峰值电压 U_{RRM} 这两个参数。

我国晶闸管型号命名方法主要由四部分组成（见表 1-2）：第 1 部分用字母"K"表示主称为晶闸管；第 2 部分用字母表示晶闸管类别；第 3 部分用数字表示晶闸管的额定通态电流值；第 4 部分用数字表示重复峰值电压级数。

表 1-2　　　　　　　　　　　　晶闸管型号名称的组成部分

第 1 部分：主称		第 2 部分：类别		第 3 部分：额定通态电流值		第 4 部分：重复峰值电压级数	
字母	含义	字母	含义	数字	含义	数字	含义
K	晶闸管（可控硅）	P	普通反向阻断型	1	1A	1	100V
				5	5A	2	200V
				10	10A	3	300V
				20	20A	4	400V
		K	快速反向阻断型	30	30A	5	500V
				50	50A	6	600V
				100	100A	7	700V
				200	200A	8	800V

续表

第1部分：主称		第2部分：类别		第3部分：额定通态电流值		第4部分：重复峰值电压级数	
字母	含义	字母	含义	数字	含义	数字	含义
K	晶闸管（可控硅）	S	双向型	300	300A	9	900V
				400	400A	10	1000V
				500	500A	12	1200V
						14	1400V

例如，KP1-2 型及 KS5-4 型晶闸管说明，如表 1-3 所示。

表 1-3　　　　　　　　两种晶闸管的说明

KP1-2（1A 200V 普通反向阻断型晶闸管）	KS5-4（5A 400V 双向晶闸管）
K——晶闸管	K——晶闸管
P——普通反向阻断型晶闸管	S——双向型晶闸管
1——通态电流为 1A	5——通态电流为 5A
2——重复峰值电压为 200V	4——重复峰值电压为 400V

1.5.4　晶闸管的使用注意事项

（1）选用晶闸管的额定电压时，应参考实际工作条件下的峰值电压，并留出一定的余量。

（2）选用晶闸管的额定流时，除了考虑通过元件的平均电流外，还应注意正常工作时导通角的大小、散热通风条件等因素。除此之外还应注意晶闸管的管壳温度不能超过相应电流下的允许值。

（3）使用晶闸管之前，应该用万用表检查晶闸管是否良好。发现有短路或断路现象时，应立即更换。

（4）严禁用兆欧表即摇表检查元件的绝缘情况。

（5）电流为 5A 以上的晶闸管要装散热器，并且保证所规定的冷却条件。为保证散热器与晶闸管管芯接触良好，它们之间应涂上一薄层有机硅油或硅脂。

（6）按规定对主电路中的晶闸管采用过压及过流保护装置。

（7）要防止晶闸管门控极的正向过载和反向击穿。

思考与练习

1. 分析下列说法是否正确，正确的打"√"，错误的打"×"。

（1）晶闸管加上大于 1V 的正向阳极电压就能导通。（　　）

（2）晶闸管导通后，控制极就失去了控制作用。（　　）

（3）晶闸管导通时，其阳极电流的大小由控制极电流决定。（　　）

（4）只要阳极电流小于维持电流，晶闸管就从导通转为阻断。（　　）

2. 当正向阳极电压大到正向转折电压时，晶闸管也能够导通，这种导通状态正常吗？为什么？

3. 选择晶闸管时，主要参考哪两个技术参数？

能 力 训 练

二极管、三极管及晶闸管的检测方法

1. 半导体二极管的测试

判断二极管的极性和好坏时常用指针式万用表检测。方法是：选择 R×1k 欧姆挡，红表

棒插在电表的"+"端，相当于与电表内部电池的负极相连；黑表棒插在电表的"－"端，相当于与电表内部电池的正极相连。把两表棒分别与二极管的两个电极相搭接，观察万用表指针的偏转情况。如果如图 1.38（a）所示指针偏转幅度很大时，说明二极管中通过了较大的

二极管的管脚识别及性能测试

电流，阻值很小，根据二极管的单向导电性可知，此时二极管正向偏置；如果如图 1.38（b）所示指针基本不动时，说明二极管中基本上没有电流通过，阻值趋近无穷大，根据二极管的单向导电性可知，二极管为反向偏置。之后把两表棒位置互换，若出现与上述相反的现象，则二极管是好的。如果互换前后检测情况都如图 1.38（a）所示，说明该二极管已经击穿损坏；如果互换前后检测情况都如图 1.38（b）所示，则表明二极管内部已经老化不通。

2．双极型三极管的测试

（1）判别管子的类型和基极

选用万用表欧姆挡的 R×1k 挡位，红表笔连接万用表内部电池的负极，黑表笔连接万用表内部电池的正极。先用黑表棒与假设基极的管脚相接触，红表棒接触另外两个管脚，观察万用表指针偏转情况。如此重复上述步骤测 3 次，其中必有一次万用表指针偏转度都很大（或都很小）的情况，对应黑表棒（或红表棒）接触的电极就是基极，且管子是 NPN 型（或 PNP 型）。

三极管的测试

原理：根据 PN 结的单向导电性能，如果黑表棒接触的恰好为基极，则指针在红表棒与另外两极相接触时必定摆动都很大（或基本不动），此时说明两个 PN 结均处导通（或截止）状态，由于黑表棒与电源正极相连，所以两个 PN 结应是正向偏置（或反向偏置），此时可判断出管子类型为 NPN 型（或 PNP 型）。

（2）判别集电极和发射极

选用万用表欧姆挡的 R×1k 挡位，检测电路的连接如图 1.39 所示。让万用表的黑表棒与假设的集电极接触，红表棒与假设的发射极相接触，而用人体电阻代替基极偏置电阻 R_B，一只手捏住三极管的基极，另一只手与假设的集电极接触（注意两只手不能相碰）。观察万用表的指针偏转情况；接下来调换红黑表棒，两只手仍然是一只捏住已经测出的基极，一只与黑表棒连接的电极接触，继续观察万用表指针的偏转情况，其中万用表指针偏转较大的假设电极是正确的。

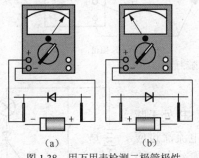

图 1.38　用万用表检测二极管极性

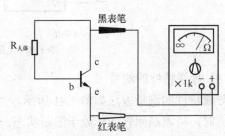

图 1.39　用万用表检测三极管

这是利用了三极管的电流放大原理。三极管的集电区和发射区虽然同为 N 型半导体（或 P 型半导体），但由于掺杂浓度和结面积不同，使用中不能互换。如果把集电极当作发射极使用，管子的电流放大能力将大大降低。因此，只有三极管发射极和集电极连接正确时的 β 值较大（表针摆动幅度大）；如果假设错误，β 值将小得多（指针偏转较小）。

（3）电流放大系数 β 值的估算

选用欧姆挡的 R×1k 挡位，对 NPN 型管，红表笔接发射极，黑表笔接集电极，测量时，观察用手捏住基极和集电极（两极不能接触）和把手放开两种情况下，电表指针摆动的大小幅度，比较结果可做出判断：指针摆动越大，β 值越高。

3．单向晶闸管的测试

晶体管的测试

（1）晶闸管管脚的判别

选择万用表 R×100Ω 或 R×1k 欧姆挡，测量晶闸管任意两脚的正、反向电阻。若测得的结果都接近无穷大，则被测两脚为阳极及阴极，另外一脚为控制极。然后用万用表红表笔接控制极，用黑表笔分别碰接另外两个电极测量电阻，电阻小的一脚为阴极，电阻大的为阳极。

（2）极间阻值的测量

将万用表置 R×1k 挡，按图 1.40 给出的方法进行测量。

按图 1.40（a）测得的正向阻值应为几千欧。若阻值很小，说明 G—K 间 PN 结击穿；若阻值过大，则极间有断路现象。按图 1.40（b）所示方法测得的反向电阻应为无穷大，当阻值很小或为 0 时，说明 PN 结有击穿现象。按图 1.40（c）所示方法测得的阻值应为无穷大，若阻值较小，说明内部有击穿或短路现象。按图 1.40（d）所示方法测得 A—K 极间的正、反向阻值均应为无穷大，否则说明内部有击穿或短路现象。

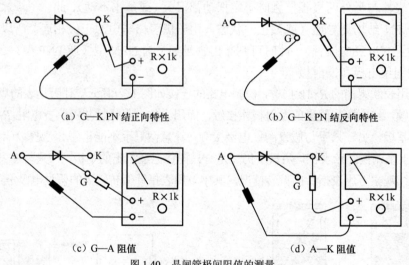

（a）G—K PN 结正向特性　　　　　　（b）G—K PN 结反向特性

（c）G—A 阻值　　　　　　　　　（d）A—K 阻值

图 1.40　晶闸管极间阻值的测量

（3）导通特性的测量

导通特性的测量方法如图 1.41 所示。当按钮开关 SB 处于断开状态时，待测晶闸管 VS 处于阻断状态，灯泡因无电流流过应不发亮。若灯泡发亮，说明晶闸管击穿；若灯泡灯丝发红，说明晶闸管漏电严重。按下开关 SB 时，晶闸管被触发导通，灯泡被点亮；断开 SB 时，灯泡应不熄灭，这说明晶闸管的触发导通特性没有问题。若按下开关 SB 时灯泡不很亮，则说明晶闸管导通压降大。若断开 SB 时灯泡同时熄灭，则说明晶闸管控制极损坏。

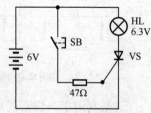

图 1.41　导通特性测量示意图

常用电子仪器的使用

1．函数信号发生器简介

函数信号发生器产品类型很多，各实验室使用的型号也各不相同。函数信号发生器是电子线路的常用仪器。

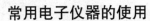

不论什么型号的函数信号发生器，通常都能产生正弦波、方波、三角波、脉冲波和锯齿波等 5 种波形信号。

信号发生器面板及使用介绍

函数信号发生器产生的信号频率一般都能在 0.2Hz～1MHz，甚至更高频率的范围内任意调节，型号不同的函数信号发生器频率调节的方法各不相同，应根据各实验室购买产品的说明书调节频率。

函数信号发生器输出信号的幅度调节通常在 $10mV_{P-P}$～$10V_{P-P}$（50Ω）、$20mV_{P-P}$～$20V_{P-P}$（1MΩ）的范围内可调，一般可以用电子毫伏表连接函数信号发生器的输出数据端子进行测量和调节，电子毫伏表测量数据为信号的有效值。

总之，函数信号发生器可为电子实验电路提供一个一定波形、一定频率和一定幅度的输入信号。

2．电子毫伏表简介

图 1.42 所示的电子毫伏表是一种用于测量频率范围较宽广的电子线路电压有效值的仪器。它具有输入阻抗高、灵敏度高和测量频率宽等优点，也是电子线路测量中的常用仪器。

毫伏表面板及使用介绍

电子线路测量技术中之所以使用电子毫伏表而不用普通电压表，是因为普通电压表只能测量工频交流电，在测量电子线路频率范围很宽的电压有效值测量时会出现很大的误差，即普通电压表受频率影响。而电子毫伏表在测量频率宽广的电子线路电压有效值测量时，不受其影响。

电子毫伏表的频率响应通常在 10Hz～1MHz；测量范围在 3mV～300V；精度通常可达到±3%。

3．双踪示波器

双踪示波器是一种带宽从直流至 20MHz 的便携式常用电子仪器，其产品外形如图 1.43 所示。

双踪示波器不能产生信号，但是它能够合理、准确地显示信号踪迹。双踪示波器可以同时显示实验电路中的输入、输出两个信号波形的踪迹，通过周期挡位合理选择信号显示的宽度；通过选择幅度挡位可以合理地显示信号的高度，并且从挡位选择上正确读出信号的周期和幅度。

示波器的使用

图 1.42　电子毫伏表

图 1.43　双踪示波器产品图

4．实验内容及步骤

（1）认识实验台的布置及函数信号发生器、示波器、电子毫伏表等常用电子仪器，熟悉其面板布置。

（2）将函数信号发生示波器与电源连通。根据产品说明书按实验要求调出一定波形、一定频率、一定幅度的信号波。

（3）把电子毫伏表与电源相连接。选择合适的挡位，测量函数信号发生器产生的信号波直到调节函数信号发生器使信号幅度满足实验要求的信号有效值为止。

（4）将双踪示波器与实验台电源相接通，把示波器探针与示波器内置电源引出端相连，观察屏幕上内置电源的波形（方波），屏幕上的横向方格指示波形的周期，内置电源周期为1ms；屏幕上的纵向方格指示内置电源电压的幅度值，内置电源的峰峰值为2V。如屏幕上方波的波形显示与内置电源的相等，则示波器可以正常测试使用。如指示值与实际值有差别，应请指导教师帮助查找原因。

（5）按照信号的频率选择合适的周期挡位，按照信号的有效值选择合适的幅度挡位，让双踪示波器的某一踪与信号接通，观察示波器中显示的信号踪迹，并根据挡位读出信号的周期和幅度。

（6）调节信号发生器产生波形的输出频率时，应以频率显示数码管的显示数值为基本依据，分别调节出附表中要求的频率值。

（7）分析实验数据的合理性，如没有问题可以让指导教师审阅，合格后实验结束，断开电源，拆卸连接导线，设备复位。

5．思考题

（1）电子实验中为什么要用晶体管毫伏表来测量电子线路中的电压？为什么不能用万用表的电压挡或交流电压表来测量？

（2）用示波器观察波形时，要满足表 1-4 所示的内容要求，应调节哪些旋钮？移动波形位置，改变周期格数，改变显示幅度，测量直流电压。

表 1-4　　　　　常用电子仪器使用的测量数据

晶体管毫伏表读出的电压	0.5V	2.0V	100mV
信号发生器产生的信号频率	500Hz	1000Hz	1500Hz
示波器"VOLT/div"挡位值×峰—峰波形格数			
峰—峰值电压 U_{P-P}（V）读数			
根据示波器显示计算出的波形有效值（V）			
示波器（TIME/div）挡位值×周期格数			
信号周期 T 值（ms）			
信号频率 $f=1/T$（Hz）			

| 第一单元　习题 |

1．半导体二极管由一个 PN 结构成，三极管则由两个 PN 结构成，那么，能否将两个二极管背靠背地连接在一起构成一个三极管？如不能，说说为什么。

2．如果把晶体三极管的集电极和发射极对调使用，三极管会损坏吗？为什么？

3. 晶闸管与普通二极管、普通三极管的作用有何不同？其导通和阻断的条件相同吗？

4. 晶闸管可控整流电路中采用何种触发方式？为什么？

5. 两个硅稳压管 VD_{Z1} 和 VD_{Z2} 的稳压值分别为 6V 和 10V，两管的正向电压降均为 0.6V，如果想得到 1.2V、6.6V、10.6V 和 16V 这 4 种稳定电压，两个稳压管应如何连接？画出电路图。

6. 在图 1.44 所示电路中，已知 $E=5V$，$u_i = 10\sin\omega t$ V，二极管为理想元件（即认为正向导通时电阻 $R=0$，反向阻断时电阻 $R=\infty$），试对应 u_i 画出各输出电压 u_o 的波形。

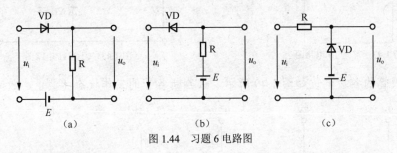

图 1.44　习题 6 电路图

7. 判断下列说法的正误。

（1）本征半导体中掺入三价元素后可形成电子型半导体。（　　）

（2）光电二极管正常工作时应反向偏置，工作在特性曲线的反向击穿区。（　　）

（3）场效应管的漏源电压较小时，可作为一个可变电阻使用。（　　）

（4）晶体三极管的发射区和集电区杂质类型相同，可以互换使用。（　　）

8. 由理想二极管组成的电路如图 1.45 所示，试求图中电压 U 及电流 I 的大小。

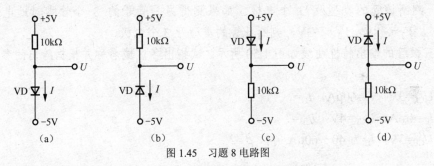

图 1.45　习题 8 电路图

9. 由理想二极管构成的电路如图 1.46 所示，求图中电压 U 及电流 I 的大小。

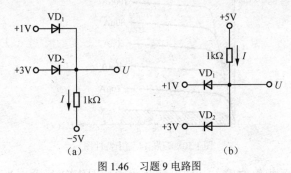

图 1.46　习题 9 电路图

10. 在图 1.47 所示电路图中，已知 $U_S=5V$，$u = 10\sin\omega t$ V，其中的 VD 为理想二极管，

试在输入波形的基础上画出 u_R 和 u_D 的波形图。

11. 稳压管的稳压电路如图 1.48 所示。已知稳压管的稳定电压 U_Z=6V，最小稳定电流 I_{Zmin}=5mA，最大功耗 P_{ZM}=150mW，试求电路中的限流电阻 R 的取值范围。

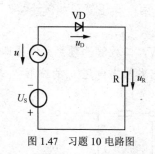 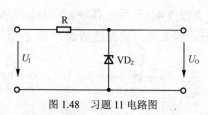

图 1.47　习题 10 电路图　　　　　　　　图 1.48　习题 11 电路图

12. 三极管的各极电位如图 1.49 所示，试判断各管的工作状态（截止、放大或饱和）。

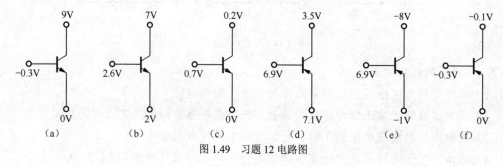

图 1.49　习题 12 电路图

13. 测得某放大电路中晶体三极管的 3 个电极对地电位分别是：V_1=4V，V_2=3.4V，V_3=9.4V，判断该管的类型及 3 个电极。如果测得另一管子的 3 个管脚对地电位分别是 V_1=−2.8V，V_2=−8V，V_3=−3V，判断此管的类型及 3 个电极。

14. 三极管的输出特性曲线如图 1.50 所示。试指出各区域名称并根据给出的参数进行分析计算。

（1）U_{CE}=3V，I_B=60μA，I_C=?

（2）I_C=4mA，U_{CE}=4V，I_{CB}=?

（3）U_{CE}=3V，I_B 为 40 ~ 60μA 时，β=?

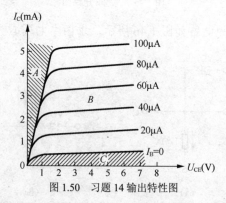

图 1.50　习题 14 输出特性图

15. 已知 NPN 型三极管的输入、输出特性曲线如图 1.51 所示，当

（1）U_{BE}=0.7V，U_{CE}=6V，I_C=?

（2）$I_B=50\mu A$，$U_{CE}=5V$，$I_C=?$

（3）$U_{CE}=6V$，U_{BE} 从 0.7V 变到 0.75V 时，求 I_B 和 I_C 的变化量，此时的 $\beta=?$

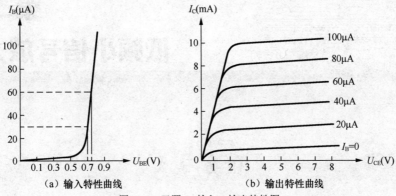

（a）输入特性曲线　　　　　（b）输出特性曲线

图 1.51　习题 15 输入、输出特性图

16. 稳压管稳压电路如图 1.52 所示。已知其稳压管选用 2DW7B，稳压值 $U_Z=6V$，最大稳定电流为 $I_{Zmax}=30mA$，最小稳定电流为 $I_{Zmin}=10mA$，限流电阻 $R=200\Omega$。

（1）假设负载电流 $I_L=15mA$，则允许输入电压的变化范围为多大才能保证稳压电路正常工作？

（2）假设给定输入电压 $U_I=13V$，则允许负载电流 I_L 的变化范围为多大？

（3）如果负载电流也在一定范围内变化，设 $I_L=10\sim15mA$，此时输入直流电压 U_I 的最大允许变化范围是多少？

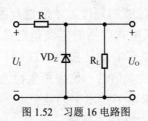

图 1.52　习题 16 电路图

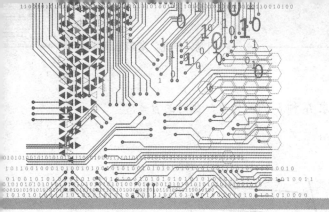

第二单元
低频小信号放大电路

任 务 导 入

模拟电子技术是现代信息技术的基础。模拟信号是自然界最基本的一种电信号，如通信和移动通信传播的基本语音信号、电视的视频信号和音响的音频信号、各种控制系统工作时需要传感器检测和变换的温度、压力、光照强度等物理信号，均属于模拟信号的范畴。

晶体管、场效应管的主要用途之一就是利用其电流放大作用组成各种类型的放大电路，从而将电子技术中传输的微弱电信号加以放大。例如通信和移动通信传播的语音信号都属于微弱电信号，如果对这些信号不加调制和"放大"，根本传输不到远距离处；还有工业测量中从温度传感器、压力传感器等接收到的电信号也都非常微弱，只有将这些微弱的信号通过放大电路"放大"到足够的幅度，才能进行测量或是用 A/D 转换器转换成数字量送入计算机中处理；收音机或电视广播的电波是把播音员的声音信号或图像信号加载到高频信号载波上由天线发射出去的，到达接收天线时，其电波已经大大减弱，而且大多含有噪声，为了在良好的状态下接收信号，也必须在检波前把高频信号"放大"到足够的强度。可见，基本放大电路在模拟电子技术中的地位非常重要，它作为模拟电子技术的基本单元，可以构成各种复杂放大电路和线性集成电路。例如，日常生活中使用的收音机、电视机、精密的测量仪器或复杂的自动控制系统，都需要将天线接收到的或是从传感器得到的微弱电信号加以放大，以便推动扬声器或测量装置的执行机构工作。因此这些电子设备中都包含各种各样的放大电路。

本章介绍的低频小信号放大电路在实际工程技术中的应用十分广泛。通过本章的学习，理论上要求学习者能够掌握常见放大电路的基本构成及特点，理解基本放大电路静态工作点的设置目的及其求解方法；熟悉非线性失真的概念；了解微变等效电路法的思想，掌握求解放大电路性能指标的方法；了解多级放大电路的常用耦合方式；掌握放大电路的频率特性，理解波特图。技术能力上要求进一步掌握示波器、信号发生器、电子毫伏表等常用电子仪器的使用方法；具有调试共射放大电路静态工作点的能力；掌握基本放大电路的连线、动态指标测试的方法和技能。

理 论 基 础

2.1　小信号单级放大电路

2.1.1　小信号单级放大电路的基本组态

单级放大电路一般指由一个三极管或一个场效应管组成的放大电路。放大电路的功能是利用晶体管的控制作用，把输入的微弱电信号不失真地放大到所需的数值，将直流电源的能量部分地转化为按输入信号规律变化且有较大能量的输出信号。因此，放大电路实质上就是一种用较小的能量控制较大能量转换的能量转换装置。

电子技术中以晶体管为核心元件，利用晶体管的以小控大作用，可组成各种形式的放大电路。其中基本放大电路共有 3 种组态：共发射极放大电路、共集电极放大电路和共基极放大电路，如图 2.1 所示。

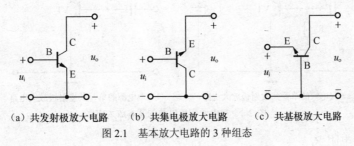

（a）共发射极放大电路　　（b）共集电极放大电路　　（c）共基极放大电路
图 2.1　基本放大电路的 3 种组态

无论何种组态的放大电路，构成电路的主要目都是相同的：让输入的微弱小信号通过放大电路后，输出时其信号幅度显著增强。

2.1.2　共射组态的单级放大电路

1．共射放大电路的组成原则

放大电路的组成首先是必须有直流电源，而且电源的设置应保证晶体管工作在线性放大状态。其次，在放大电路中各元件的参数和安排上，被传输信号能够从放大电路的输入端尽量不衰减地输入，在信号传输过程中能够不失真地放大，最后经放大电路输出端输出，并满足放大电路性能指标的要求。因此，放大电路的组成原则如下。

共发射极放大电路的
组成

（1）保证放大电路的核心元件晶体管工作在放大状态，即保证放大电路中的三极管发射结正偏，集电结反偏。

（2）输入回路的设置应使输入信号尽量不衰减地耦合到晶体管的输入电极，并形成变化的基极小电流 i_B，进而产生晶体管的电流控制关系，变成集电极大电流 i_C 的变化。

（3）输出回路的设置应保证晶体管放大后的电流信号能够转换成负载需要的电压形式。

（4）信号通过放大电路时不允许出现失真。

需要理解的是：输入的微弱小信号通过放大电路，输出时幅度得到较大增强，并非来自于晶体管自身的电流放大能力，其能量的提供来自于放大电路中的直流电源。晶体管只是在

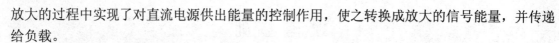

放大的过程中实现了对直流电源供出能量的控制作用，使之转换成放大的信号能量，并传递给负载。

2．共射放大电路各部分的作用

图2.2（a）所示为一个双电源的基本放大电路，电路中各元器件的作用如下。

（1）晶体管 VT

晶体管是放大电路的核心元件。利用其基极小电流控制集电极较大电流的作用，使输入的微弱电信号通过直流电源 U_{CC} 提供的能量，获得一个能量较强的输出电信号。

（2）集电极电源 U_{CC}

在实际应用中，通常采用图2.2（b）所示的单电源供电方式，在这个电路图中，直流电源常用 V_{CC} 表示，V_{CC} 的作用有两个：一是为放大电路提供能量，二是保证晶体管的发射结正偏，集电结反偏。交流信号下的 V_{CC} 呈交流接地状态，V_{CC} 的数值一般为几伏至几十伏。

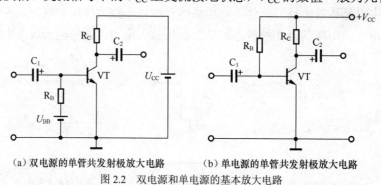

（a）双电源的单管共发射极放大电路　　（b）单电源的单管共发射极放大电路

图2.2　双电源和单电源的基本放大电路

（3）集电极电阻 R_C

R_C 的阻值一般为几千欧到几十千欧。其作用是将集电极的电流变化转换成晶体管集、射极之间的电压变化，以满足放大电路负载上需要的电压放大要求。

（4）固定偏置电阻 R_B

放大器的直流电源 V_{CC} 通过 R_B 可产生一个直流量 I_B，作为输入小信号 i_b 的载体，使 i_b 能够不失真地通过晶体管进行放大和传输。R_B 的数值一般为几十千欧至几百千欧，主要作用是保证晶体管的发射结正偏。

（5）耦合电容 C_1 和 C_2

C_1 和 C_2 在电路中的作用是通交隔直。电容器的容抗 X_C 与频率 f 为反比关系，因此在直流情况下，电容相当于开路，使放大电路与信号源、负载之间可靠隔离；在电容量足够大的情况下，耦合电容对规定频率范围内的交流输入信号呈现的容抗极小，可近似视为短路，从而让交流信号无衰减地通过。在实际应用中，C_1 和 C_2 均选择容量较大、体积较小的电解电容器，一般为几微法至几十微法。放大器连接电解电容时，必须注意电解电容器的极性不能接错。

（6）公共端和电源

放大电路中的公共端用"⊥"号标出，作为电路的参考点。电源 U_{CC} 改用＋V_{CC} 表示电源正极的电位，这也是电子电路的习惯画法。

3．共射放大电路的工作原理

晶体管交流放大电路内部实际上是一个交、直流共存的电路。电路中各电压和电流的直流分量及其注脚均采用大写英文字母表示；交流分量及其注脚均采用小写英文字母表示；而总量用英文小写字母，其注脚采用大写英文字母。例如，基极电流的直流分量用 I_B 表示；交流分量用 i_b 表示；总量用 i_B 表示，如图 2.3 所示。

共发射极放大电路的放大原理

放大电路的工作原理：输入信号电压 u_i 通过耦合电容 C_1 变化为输入小信号电流 i_b，i_b 加载到直流量 I_B 上以后进入晶体管的基极，在直流电源 V_{CC} 的作用下，晶体管的以小控大能力得以实现：输出的 $i_C=\beta i_b$，i_C 通过集电极电阻 R_C 时，将变化的电流转换为变化的电压：$u_{CE}=V_{CC}-i_C R_C$。且 i_C 增大时，u_{CE} 减小，i_C 减小时，u_{CE} 增大，即 u_{CE} 与 i_C 为反相关系。经过电容 C_2 时，u_{CE} 中的直流分量被滤掉，成为输出电压 u_o。若电路中各元件的参数选取适当，u_o 的幅度将比 u_i 幅度大很多且频率不变，即输入的小信号 u_i 被放大了。

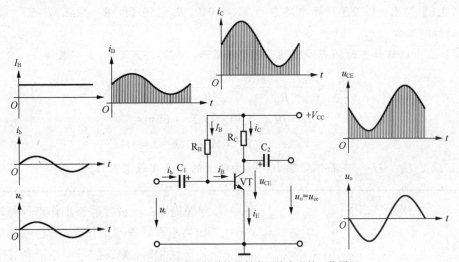

图 2.3　固定偏置电阻的单管共射电压放大器的工作原理

可见，放大电路在对输入小信号进行传输和放大的过程中，无论是输入信号电流、放大后的集电极电流，还是晶体管的输出电压，都是加载在放大电路内部产生的直流量上通过的，最后经过耦合电容 C_2，滤掉了直流量，从输出端提取的只是放大后的交流信号。因此，在分析放大电路时，可以采用将交、直流信号分开的办法，单独对直流通道和交流通道的情况进行分析和讨论。

共发射极放大电路的直流通路

4. 静态分析

静态分析的目的就是通过估算法和图解法，找出放大电路的合适静态工作点，使放大电路能够不失真地传输和放大输入的微弱小信号。

（1）静态分析的估算法

由晶体管的输出特性可知，晶体管工作在放大区上的某点，是平顶部分的 I_B、横轴上 U_{CE}、纵轴上 I_C 的交点。因此，静态分析就是找出 $u_i=0$ 时，放大器的静态工作点 Q 对应的 I_B、U_{CE} 和 I_C 这 3 个坐标的值。

静态时放大电路内部在直流电源 V_{CC} 的作用下，内部所有电压、电流都是不变的直流量，耦合电容 C_1、C_2 相当于开路。因此，把图 2.3 所示的固定偏置电阻的单管共射放大器中的耦

合电容 C_1、C_2 开路处理后，可得到其等效的直流通道如图 2.4 所示。

由图 2.4 所示的直流通道，可求出固定偏置电阻的共射放大电路的静态工作点 Q：

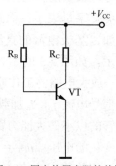

$$\left.\begin{aligned} I_{BQ} &= \frac{V_{CC} - U_{BEQ}}{R_B} \\ I_{CQ} &= \beta I_{BQ} \\ U_{CEQ} &= V_{CC} - I_{CQ}R_C \end{aligned}\right\} \quad (2\text{-}1)$$

图 2.4　固定偏置电阻的单管共射放大器电路的直流通道

【例 2.1】　已知图 2.3 所示电路中的 V_{CC}=10V，R_B=250kΩ，R_C=3kΩ，β=50，试求该放大电路的静态工作点 Q。

【解】画出电路静态时的直流通路如图 2.4 所示。利用公式（2-1）可求得：

$$I_{BQ} = \frac{V_{CC} - U_{BEQ}}{R_B} = \frac{10 - 0.7}{250 \times 10^3} = 37.2\mu A$$

$$I_{CQ} = \beta I_{BQ} = 50 \times 37.2 = 1.86mA$$

$$U_{CEQ} = V_{CC} - I_{CQ}R_C = 10 - 1.86 \times 3 = 4.42V$$

以上 I_{BQ}、I_{CQ}、U_{CEQ} 在晶体管输出特性曲线上的交点即静态工作点。

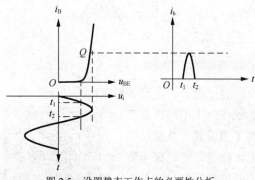

图 2.5　设置静态工作点的必要性分析

问题提出：不设置静态工作点行吗？

如果不设置静态工作点，当传输的信号是交变的正弦量时，输入信号中小于和等于晶体管死区电压的部分就不可能通过晶体管进行放大，由此造成传输信号严重的截止失真，如图 2.5 所示。

为保证传输信号不失真地输入放大器中得到放大，必须在放大电路中设置静态工作点。

（2）用图解法确定静态工作点

利用晶体管的输入、输出特性曲线求解静态工作点的方法称为图解法。

图解法是分析非线性电路的一种基本方法，它能直观地分析和了解静态值的变化对放大电路的影响。用图解法求解静态工作点的一般步骤如下。

（1）按已选好的管子型号描绘出管子的输入、输出特性。

（2）在输出特性曲线上画出直流负载线。

（3）确定合适的静态工作点。

图解法分析的具体求解步骤如下。

首先可由电子手册或晶体管图示仪查出相应管子的输出特性曲线，绘制出来。在输出特性曲线上令 I_C=0，得出 $U_{CE}=V_{CC}-I_CR_C=V_{CC}$ 的一个特殊点；再令 U_{CE}=0，得出 $I_C=V_{CC}/R_C$ 的另一个特殊点，用直线将两点相连即得

图解法确定共发射极放大电路的电压放大倍数

图解法确定共发射极放大电路的非线性失真

到直流负载线。

直流负载线与晶体管输出特性的平顶部分有许多交点，其中能够最大化传输信号的交点即为合适的静态工作点，如图 2.6 所示。根据传输信号最大化原则可选择图 2.6 中 $I_{BQ}=40\mu A$ 与直流负载线的交点作为静态工作点 Q，Q 在横轴及纵轴上的投影分别为 U_{CEQ} 和 I_{CQ}。

显然，I_B 的大小直接影响静态工作点的位置。因此，在给定的 V_{CC} 和 R_C 不变的情况下，静态工作点的合适与否取决于基极偏流 I_B。

当 I_B 比较大（如 60μA）时，静态工作点由 Q 点沿直流负载线上移至 Q_1 点，Q_1 点的位置距离饱和区较近，因此易使信号正半周进入晶体管的饱和区而造成输入信号在传输和放大过程中饱和失真。当 I_B 较小（如 20μA）时，静态工作点由 Q 点沿直流负载线下移至 Q_2 点，由于 Q_2 点距离截止区较近，因此易使输入信号负半周进入晶体管的截止区而造成输入信号在传输和放大过程中截止失真。即静态工作点设置得合适与否，将直接影响信号的传输和放大质量。

除基极电流对静态工作点的影响外，影响静态工作点的因素还有电压波动、晶体管老化和温度的变化等。这些因素当中以温度变化对静态工作点的影响最为严重。当环境温度发生变化时，几乎所有的晶体管参数都要随之改变，如图 2.7 中的虚线所示。这时，晶体管内部的载流子运动加剧，直接引起晶体管集电极电流 I_C 增大，进而导致静态工作点 Q 沿直流负载线上移至 Q_1 处，造成放大电路的饱和失真。

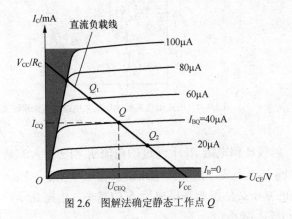

图 2.6 图解法确定静态工作点 Q

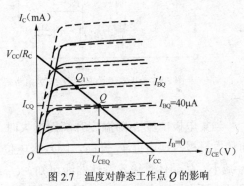

图 2.7 温度对静态工作点 Q 的影响

上述分析说明：固定偏置电阻的单管共射电压放大器存在很大的缺点，即温度 $T\uparrow \to I_C\uparrow \to Q\uparrow \to U_{CE}\downarrow \to V_C\downarrow$，当 V_C 下降至小于 V_B 时，晶体管的集电结也将变为正偏，放大电路出现饱和失真。为此，人们研制出在环境温度发生变化时能够自动调节电路静态工作点的分压式偏置的共射放大电路。

5．分压式偏置的共射放大电路

（1）电路组成原理

为保证信号传输过程中不受温度的影响，分压式偏置的共发射极放大电路在射极加入了反馈环节，通过反馈环节有效地抑制温度对静态工作点的影响。其电路如图 2.8 所示。

分压式偏置的共射放大电路与固定偏置电阻的共射放大电路相比，基极由一个固定偏置电阻改接为两个分压式偏置电阻，分压式偏置的名称由此而来。

通常，分压式偏置的共射放大电路设置 R_{B1}、R_{B2} 上通过的电流 I_1、I_2 较晶体管基极电流 I_B 大很多，即满足 $I_1 \approx I_2 \gg I_B$ 的小信号条件。

在小信号条件下，流过 R_{B1} 和 R_{B2} 支路的电流远大于基极电流 I_B，因此可近似地把 R_{B1} 和 R_{B2} 视为串联，串联电阻可以分压，根据分压公式可确定基极电位：

$$V_B \approx \frac{R_{B2}}{R_{B1} + R_{B2}} V_{CC} \tag{2-2}$$

从电路结构上看，放大器的基极电位 V_B 只与直流电源和分压电阻有关，与放大电路的晶体管及参数无关。当温度发生变化时，只要 V_{CC}、R_{B1} 和 R_{B2} 固定不变，V_B 值就是确定的，不会受温度变化的影响。

在分压式偏置的共射电压放大器电路中，发射极上串入的电阻 R_E 称为射极反馈电阻，反馈电阻两端并联的 C_E 称为射极旁路滤波电容，这一并联组合引入的目的就是稳定放大电路的静态工作点。

以图 2.8 所示的分压式偏置的共射电压放大器为例进行分析。静态时，电路中的各电容都以开路处理，由此可得到如图 2.9 所示的分压式偏置的共射放大电路的直流通道。

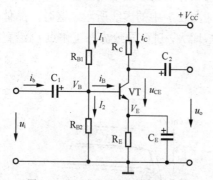

图 2.8　分压式偏置共发射极放大电路

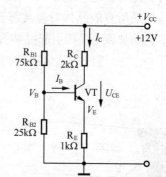

图 2.9　分压式偏置共射电压放大电路的直流通路

当集电极电流 I_C 随温度升高而增大时，射极反馈电阻 R_E 上通过的电流 I_E 相应增大，从而使发射极对地电位 V_E 升高，因基极电位 V_B 基本不变，故放大电路的静输入量 $U_{BE} = V_B - V_E$ 减小。从晶体管输入特性曲线可知，U_{BE} 的减小必然引起基极电流 I_B 的减小，根据晶体管的以小控大原理有 $I_C = \beta I_B$，集电极电流 I_C 将随之减小。

R_E 在电路中的调节过程可归纳为：当环境温度变化时，集电极电流 $I_C \uparrow$（或 $\downarrow$）$\rightarrow I_E \uparrow$（或 $\downarrow$）$V_E \uparrow$（或 $\downarrow$）$\xrightarrow{V_B 不变} U_{BE} \downarrow$（或 $\uparrow$）$\rightarrow I_B \downarrow$（或 $\uparrow$）$\rightarrow I_C \downarrow$（或 $\uparrow$），静态工作点基本维持不变。显然，分压式偏置的共射极放大电路具有温度变化时的自调节能力，从而可有效地抑制温度对静态工作点的影响。

射极直流反馈电阻 R_E 的数值通常为几百至几千欧，它不但能够对直流信号产生负反馈作用，同样也能对交流信号产生负反馈作用，从而造成电压增益下降过多，甚至不再具有放大作用。为了不使交流信号削弱，一般在直流反馈电阻 R_E 的两端并联一个几十微法的射极旁路滤波电容 C_E。直流下 C_E 开路，交流下 R_E 被 C_E 短路，发射极可看成交流"接地"，从而保证 R_E 不会降低交流信号的电压增益。

（2）静态分析

估算静态工作点时，一般硅管净输入电压 U_{BE} 取 0.7V，锗管净输入电压 U_{BE} 取 0.3V。

分压式偏置的共射放大电路静态工作点的估算法如下。

①应用公式（2-2）求出基极电位 V_B；

②根据图 2.9 所示的直流通道求出电路的静态工作点。

$$\left.\begin{array}{l} I_{CQ} \approx I_{EQ} = \dfrac{V_B - U_{BE}}{R_E} \\[3mm] I_{BQ} = \dfrac{I_{CQ}}{\beta} \\[3mm] U_{CEQ} = V_{CC} - I_C(R_C + R_E) \end{array}\right\} \qquad (2\text{-}3)$$

【例 2.2】 估算图 2.8 所示的分压式偏置的共射放大电路的静态工作点。已知电路中各参数分别为：$V_{CC}=12V$，$R_{B1}=75k\Omega$，$R_{B2}=25k\Omega$，$R_C=2k\Omega$，$R_E=1k\Omega$，$\beta=57.5$。

【解】 首先画出放大电路的直流通路如图 2.9 所示，由式（2-2）先求得基极电位为：

$$V_B \approx \frac{R_{B2}}{R_{B1} + R_{B2}} V_{CC} = \frac{12}{75 + 25} 25 = 3V$$

由式（2-3）可求得静态工作点：

$$I_{CQ} \approx I_{EQ} = \frac{V_B - U_{BE}}{R_E} = \frac{3 - 0.7}{1} = 2.3mA$$

$$I_{BQ} = \frac{I_{CQ}}{\beta} = \frac{2.3}{57.5} = 0.04mA = 40\mu A$$

$$U_{CEQ} = V_{CC} - I_C(R_C + R_E) = 12 - 2.3(2 + 1) = 5.1V$$

由此得出电路的静态工作点 $Q = \{40\mu A、2.3mA、5.1V\}$。

静态分析的图解法有助于加深对"放大"作用本质的理解。但小信号放大电路直流通道的估算法比图解法简便，所以分析和计算静态工作点时通常采用估算法。如果放大电路不满足小信号条件，则必须采用图解法分析静态工作点。

（3）动态分析

对放大电路进行动态分析的目的就是找出放大电路的动态性能技术指标，根据性能指标判断该放大电路具有的性能特点，根据其特点运用到适合的场合。

交流输入信号作用下的放大电路工作状态称为动态。动态时，不再考虑前面已经解决的静态工作点的设置问题，只考虑交流信号对放大电路产生的影响。

① 交流通道的画法。

对放大电路进行动态分析时，一般不考虑直流量，研究的对象往往仅限于交流量，这时可以将图 2.8 所示的分压式偏置的共射放大电路中的直流电源 V_{CC} 视为 0，相当于交流"接地"；耦合电容、旁路滤波电容在交流情况下都按"短路"处理，电容的位置均用短接线代替，从而获得如图 2.10 所示的分压式偏

共发射极放大电路
的交流通路

置共射放大电路的交流通路。

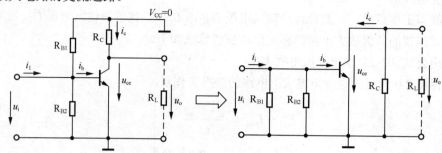

图 2.10　分压式偏置共射放大电路的交流通道

　　交流通道中存在非线性器件晶体三极管，所以为非线性电路，分析一个非线性电路显然无法运用线性电路分析法，因此求解电路的动态指标很不方便。为了解决这一难题，在小信号条件下，把非线性器件三极管用它的线性等效模型来代替，从而使非线性的交流通道等效为小信号条件下的线性微变等效电路。这样，运用线性电路求解法，可以较为方便地获得放大电路的动态指标。

共发射极放大电路的微变等效电路法

　　② 微变等效电路法。

　　微变等效的思想为：在小信号范围内，可近似认为晶体管的电压、电流变化量之间的关系呈线性。根据微变等效思想，可以把交流通道中非线性元件晶体管用它的线性模型——电流控制的受控电流源等效代替，得到与交流通道对应的微变等效电路，如图 2.11 所示。

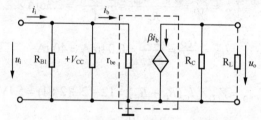

图 2.11　分压式偏置共射放大电路的微变等效电路

　　非线性器件晶体管用它的线性模型等效代替后，放大电路的交流通道等效为一个近似的线性微变等效电路。利用电路原理课程中所学的线性电路分析法，可以方便地求出放大电路对交流信号呈现的输入电阻 r_i、输出电阻 r_o 和交流电压放大倍数 A_u。

　　微变等效电路中虚框包围的部分是晶体管的微变等效模型，其中电阻 r_{be} 为晶体管对交流信号电流 i_b 所呈现的动态电阻，在微弱小信号情况下，r_{be} 可视为一个常数。晶体管的动态等效电阻 r_{be} 的阻值与静态工作点 Q 的位置有关。对低频小功率晶体管而言，r_{be} 常用式（2-4）估算。

$$r_{be} = r_{bb'}(通常为300\Omega) + (1+\beta)\frac{26mV}{I_E(mA)} \qquad (2-4)$$

　　由于晶体管的输出电流 i_C 受基极小电流 i_b 控制且具有恒流特性，因此可用一个电流控制的电流源在图中表示，为区别于电路中的独立源，受控源的图形符号不是圆形而是菱形，其电流值等于集电极电流 $i_c=\beta i_b$。

　　• 输入电阻 r_i 的估算

　　放大电路的输入电阻 r_i 是用来衡量放大电路对输入信号源影响的性能指标。根据微变等效电路可得，r_i 等于输入电压 u_i 与输入电流 i_i 之比，即：

$$r_\mathrm{i} = \frac{u_\mathrm{i}}{i_\mathrm{i}} = R_\mathrm{B1} \,/\!/\, R_\mathrm{B2} \,/\!/\, r_\mathrm{be} \tag{2-5}$$

　　信号电压源可以看作是一个理想电压源 U_S 和内阻 R_S 的串联组合，而放大电路则相当于电压源所带的负载。根据电路原理可知，信号电压源总是存在内阻的，且内阻往往很小，负载电阻即放大电路的动态输入电阻。r_i 显然越大越好：r_i 越大，分压越多，信号源传输时衰减就小；r_i 越小，分压越少，信号源传输时衰减就越严重。因此放大电路的信号源为电压源形式时，希望放大电路的输入电阻越大越好。

　　因为大多信号源都是以电压形式输入，所以希望放大电路的输入电阻 r_i 尽量大些，这样从信号源取用的电流就会小一些，输入信号电压的衰减相应也小一些。由式（2-5）可看出，尽管两个基极分压电阻的数值较大，但由于晶体管输入等效动态电阻 r_be 一般较小，仅为几百至几千欧，因此 $r_\mathrm{i} = R_\mathrm{B1} \,/\!/\, R_\mathrm{B2} \,/\!/\, r_\mathrm{be} \approx r_\mathrm{be}$，可见分压式偏置的共发射放大电路的输入电阻 r_i 不够大，通常不适合作为多级放大电路的前级。

 注　意

　　放大电路的输入电阻 r_i 虽然在数值上近似等于晶体管的输入电阻 r_be，但它们具有不同的物理意义，概念上不能混同。

　　● 输出电阻 r_o 的估算

　　放大电路的输出经常以输出负载所需的电压形式出现，对负载或对后级放大电路来说，相当于一个信号电压源，信号电压源的内阻即为放大电路的输出电阻 r_o。输出电阻 r_o 是用来衡量放大电路带负载能力的性能指标。由图 2-11 所示的微变等效电路，可直接观察到分压式偏置的共射放大电路的输出电阻：

$$r_\mathrm{o} = R_\mathrm{C} \tag{2-6}$$

　　一般情况下，希望放大器的输出电阻 r_o 尽量小一些，以便向负载输出电流后，输出电压没有很大的衰减。而且放大器的输出电阻 r_o 越小，负载电阻 R_L 变化时输出电压的波动也会越趋于平稳，放大器的带负载能力就越强。

　　● 电压放大倍数 A_u 的估算

　　共发射极电压放大电路的主要任务是放大输入的小信号的电压，因此电压放大倍数 A_u 是衡量放大电路性能的主要指标。在放大电路的实验中，可以把 A_u 定义为输出电压的幅值与输入电压的幅值之比。假设图 2.11 所示微变等效电路的负载电阻 R_L 开路，应用线性电路的相量分析法求得放大电路的电压放大倍数为：

$$\dot{A}_\mathrm{u} = \frac{\dot{U}_\mathrm{O}}{\dot{U}_\mathrm{I}} \approx \frac{-\beta \dot{I}_\mathrm{B} R_\mathrm{C}}{\dot{I}_\mathrm{B} r_\mathrm{be}} = -\beta \frac{R_\mathrm{C}}{r_\mathrm{be}} \tag{2-7}$$

　　显然，共发射极放大电路的电压放大倍数与晶体管的电流放大倍数 β、动态电阻 r_be 及集电极电阻 R_C 有关。由于晶体管的放大倍数 β 和集电极电阻 R_C 远大于 1，且大大于 r_be，因此，共发射极电压放大器具有很强的信号放大能力。式中负号反映了共发射极电压放大器的输出与输入在相位上反相的关系。

　　当共发射极放大电路输出端带上负载 R_L 后，电路的电压放大倍数变为：

$$\dot{A}_{u}' = \frac{\dot{U}_{O}}{\dot{U}_{I}} \approx \frac{\beta \dot{I}_{B} R_{C} /\!/ R_{L}}{\dot{I}_{B} r_{be}} = \beta \frac{R_{L}'}{r_{be}} \tag{2-8}$$

式（2-8）说明，分压式偏置的电压放大器虽然对信号的放大能力很强，但带上负载后，电压放大能力下降很多，即分压式偏置的共射电压放大器的带负载能力不强。

【例 2.3】 试求例 2.2 所示电路中的电压放大倍数 A_{u}、输入电阻 r_{i} 和输出电阻 r_{o}。若接上 $R_{L} = 3\text{k}\Omega$，放大倍数 A_{u}' 为多少？

【解】由例 2-2 可知：$I_{E} = 2.3\text{ mA}$，所以

$$r_{be} = 300\Omega + (\beta + 1)\frac{26\text{mV}}{I_{E}(\text{mA})}$$

$$= 300\Omega + (57.5 + 1)\times\frac{26\text{mV}}{2.3\text{mA}} \approx 961\Omega$$

电路输入电阻： $\qquad\qquad\qquad\qquad r_{i} \approx r_{be} = 961\ \Omega$

电路的输出电阻： $\qquad\qquad\qquad\quad r_{o} = R_{C} = 2\text{k}\Omega$

电路的电压放大倍数：

$$A_{u} = -\beta\frac{R_{C}}{r_{be}} = -57.5\times\frac{2}{0.961} \approx -120$$

当接上负载电阻 $R_{L} = 3\text{k}\Omega$，放大倍数 A_{u}' 为：

$$A_{u}' = -\beta\times\frac{R_{C} /\!/ R_{L}}{r_{be}} = -57.5\times\frac{2 /\!/ 3}{0.961} \approx -71.8$$

此例说明，共发射极电压放大器带上负载 R_{L} 后，其电压放大能力减小。

归纳共发射极电压放大器电路的特点如下：

a. 电路的输入电阻 r_{i} 近似等于晶体管的动态等效电阻 r_{be}，数值比较小；

b. 输出电阻 r_{o} 等于放大电路的集电极电阻 R_{C}，数值比较大；

c. 共发射极电压放大器电路的 A_{u} 较大，具有很强的信号放大能力。

由于共发射极电压放大器具有较高的电流放大能力和电压放大倍数，通常多用于放大电路的中间级；在对输入、输出电阻和频率响应没有特殊要求的场合，也可应用于低频电压放大的输入级和输出级。

2.1.3 共集电极电压放大器

1. 共集电极电压放大器的组成

利用晶体管 $i_{b} = \dfrac{i_{c}}{1 + \beta}$ 的关系，把输入信号由晶体管的基极输入，而把负载电阻接在发射极上，即可构成如图 2.12 所示的共集电极电压放大器。

观察图 2.12 可知，对交流信号而言，直流电源 $V_{CC}=0$，集电极相当于交流"接地"。显然，"地端"是集电极输入回路与输出回路的公共端，因此称为共集电极电压放大器。由电路图还可看出，电路的输出取自于发射极，所以共集电极电压放大器又常称为射极输出器。

2．静态分析

在没有交流信号输入的情况下，可画出射极输出器的直流通道如图 2.13 所示。

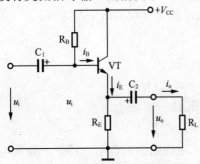

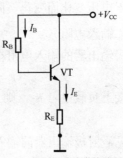

图 2.12 共集电极电压放大器电路图   图 2.13 射极输出器的直流通道

由图 2.13 可得：

$$V_{CC} = I_B R_B + U_{BE} + (1 + \beta) I_B R_E$$

所以静态工作点的基极电流 I_{BQ} 为

$$I_{BQ} = \frac{V_{CC} - U_{BE}}{R_B + (1 + \beta)R_E} \approx \frac{V_{CC}}{R_B + (1 + \beta)R_E} \tag{2-9}$$

集电极电流为：

$$I_{CQ} = \beta I_{BQ} \approx I_{EQ} \tag{2-10}$$

晶体管输出电压：

$$U_{CEQ} = V_{CC} - I_{EQ} R_E \approx V_{CC} - I_{CQ} R_E \tag{2-11}$$

3．动态分析

（1）电压放大倍数

在动态情况下，可将直流电源 V_{CC} 交流"接地"处理，耦合电容 C_1、C_2 均按短路处理。这样就可画出共集电极电压放大器的交流通道，再让交流通道中的非线性器件在小信号条件下用其线性电路模型代替，得到如图 2.14 所示的交流微变等效电路。

共集电极放大电路

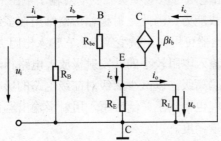

图 2.14 射极输出器的交流微变等效电路

在图 2.14 所示的微变等效电路中，电压放大倍数为：

$$A_u' = \frac{(1 + \beta) R_L'}{r_{be} + (1 + \beta) R_L'} \approx \frac{\beta R_L'}{r_{be} + \beta R_L'} < 1 \tag{2-12}$$

不接负载电阻 R_L 时

$$A_u = \frac{(1 + \beta) R_E}{r_{be} + (1 + \beta) R_E} \approx \frac{\beta R_E}{r_{be} + \beta R_E} \tag{2-13}$$

通常 $\beta R_L'$（或 βR_E）$>>r_{be}$，故 A_u 小于 1 但近似等于 1，即 u_o 近似等于 u_i。电路没有电压放大作用。但因 $i_e=(1+\beta)i_b$，所以电路中仍有电流放大和功率放大作用。此外，因输出电压随输入电压变化而变化（同相位），共集电极放大电路又常称为电压跟随器。

（2）输入电阻 r_i

射极输出器的输入电阻在不接入负载电阻 R_L 的情况下

$$r_i=R_B//[r_{be}+(1+\beta)R_E]\approx R_B//(1+\beta)R_E \tag{2-14}$$

若接上负载电阻 R_L，则 $R_L'=R_E//R_L$，电路输入电阻

$$r_i'=R_B//[r_{be}+(1+\beta)R_L'] \tag{2-15}$$

可见，射极输出器的输入电阻要比共发射极放大电路的输入电阻大得多，通常可高达几十千欧至几百千欧。

（3）输出电阻 r_o

射极输出器由于输出电压与输入电压近似相等，当输入信号电压的大小一定时，输出信号电压的大小也基本上一定，与输出端所接负载的大小基本无关，即具有恒压输出特性，输出电阻很低，其大小约为：

$$r_o\approx\frac{r_{be}}{\beta} \tag{2-16}$$

由上述经验公式可看出，射极输出器的输出电阻一般为几十到几百欧，比共发射极放大电路的输出电阻低得多。

4．射极输出器的电路特点

由射极输出器的动态指标可知，电路特点为：

（1）电压增益（放大倍数）小于 1 但近似等于 1，具有电流放大能力，输出电压与输入电压同相位；

（2）输入电阻高。当信号源（或前级）提供给放大电路同样大小的信号电压时，较高的输入电阻使所需提供的电流减小，从而减轻了信号源的负载；

（3）输出电阻低。低输出电阻可以减小负载变动对输出电压的影响，使其保持基本不变，由此增强了放大电路的带负载能力。因此，射极输出器常用在多级放大电路的输出端。

根据上述特点，射极输出器可用作阻抗变换器。它输入电阻大，对前级放大电路影响小；输出电阻小，有利于与后级输入电阻较小的共发射极放大电路相配合，以达到阻抗匹配。此外，还可把射极输出器用作隔离级，以减少后级对前级电路的影响。

射极输出器在检测仪表中也得到了广泛应用，用射极输出器作为其输入级，可以减小对被测电路的影响，以提高测量精度。

2.1.4　共基组态的单级放大电路

共基极放大电路

1．共基极放大电路的组成

共基极放大电路如图 2.15（a）所示。电路输入信号 u_i 经耦合电容 C_1 从晶体管 VT 的发射极输入，放大后从集电极经耦合电容 C_2 输出；较大的电容 C_B 是基极旁路滤波电容，R_e 为发射极偏置电阻，R_C 为集电极电阻；R_{B1} 和 R_{B2} 为基极分压偏置电阻，它们共同构成分压式偏置电路。图 2.15（b）是共

基极放大电路的交流通道，在交流情况下，C_B 使基极对地交流短路；由于信号从发射极输入，从集电极输出，因基极是输入、输出回路的公共端，所以得名为共基极放大电路。

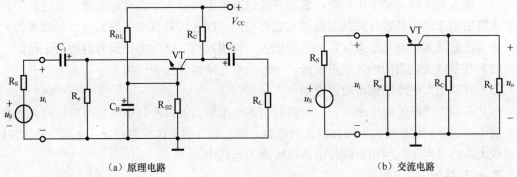

（a）原理电路　　　　　　　　　　　　　　　　（b）交流电路

图 2.15　共基极放大电路

2．静态分析

共基放大电路的直流偏置方式是分压式偏置电路，故静态工作点为：

$$\begin{cases} V_{BQ} \approx \dfrac{R_{B2}}{R_{B1} + R_{B2}} V_{CC} \\[2mm] I_{CQ} \approx I_{EQ} = \dfrac{V_{BQ} - U_{BEQ}}{R_e} \\[2mm] I_{CQ} = \beta I_{BQ} \\[2mm] U_{CEQ} \approx V_{CC} - I_{CQ}(R_C + R_e) \end{cases} \tag{2-17}$$

从公式的形式上看，共基放大电路的静态工作计算公式与共射放大电路相同，但是，两种组态的放大电路有着本质的不同。

3．动态分析

在共基组态电压放大器的电路图基础上，令直流电源 V_{CC} 交流接地，所有电容短路处理，即可得到如图 2.16 所示的微变等效电路。

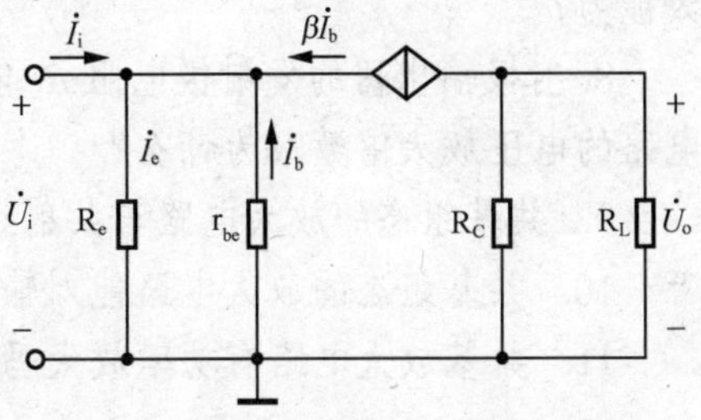

由微变等效电路可得：

（1）电压放大倍数 A_u

图 2.16　共基电压放大器的微变等效电路

因为　　　　　　$\dot{U}_i = -\dot{I}_b r_{be}$　　　　　$\dot{U}_o = -\beta \dot{I}_b R'_L$

所以

$$A_u = \frac{\dot{U}_o}{\dot{U}_i} = \beta \frac{R'_L}{r_{be}} \tag{2-18}$$

式中，$R'_L = R_C // R_L$。

（2）输入电阻 r_i

$$r_i = \frac{\dot{U}_i}{\dot{I}_i} \approx \frac{r_{be}}{1 + \beta} \tag{2-19}$$

（3）输出电阻 r_o

$$r_o \approx R_C \tag{2-20}$$

4．共基放大电路的特点

由共基极组态放大电路的性能指标可归纳出共基放大电路的特点如下。

（1）输入电流略大于输出电流，说明共基组态的电压放大器没有电流放大作用。但共基放大电路的电压放大倍数与共发射极放大电路相同，即它仍具有电压放大能力和功率放大能力。需要注意的是：共基组态的放大电路输入、输出同相，因此电压放大倍数为正值。

（2）共基放大电路的输入电阻很低，一般只有几欧姆到几十欧姆。

（3）共基放大电路的输出电阻很高。

由共基放大电路的特点来看，它与共射组态电压放大器以及共集电组态电压放大器有着很大的不同。鉴于共基放大电路自身的特殊性，即它允许的工作频率较高，高频特性比较好，共基放大电路多用于高频和宽频带电路或恒流源电路中。

思考与练习

1．放大电路有哪几种基本组态？

2．静态工作点的确定对放大器有什么意义？放大器的静态工作点一般应该处于三极管输入输出特性曲线的什么区域？

3．设计放大器时，输入输出电阻的取值原则是什么？放大器的输入输出电阻对放大器有什么影响？

4．放大器的工作点过高会引起什么样的失真？工作点过低呢？

5．微变等效电路分析法的适用范围是什么？微变等效电路分析法有什么局限性？

6．共集电极组态的放大电路和共射组态的放大电路相比，其特点有什么不同？

7．共集电极放大电路的电压放大倍数等于和略小于 1，是否说明该组态放大电路没有放大能力？

8．射极输出器的发射极电阻 R_E 能否像共发射极放大器一样并联一个旁路电容 C_E 来提高电路的电压放大倍数？为什么？

9．共基组态的放大电路与共射组态的放大电路相比，电路特点有何不同？

10．共基组态的放大电路能对输入电流和输入电压进行放大吗？

11．共基放大电路有功率放大吗？它通常适用于哪些场合？

2.2　3 种组态放大电路的性能比较

共发射极、共集电极和共基极是放大电路的 3 种基本组态，各种实际的放大电路都是由这 3 种基本组态的放大电路变型或组合而成的。这 3 种组态放大电路的比较见表 2-1。

表 2-1　　　　　　　　　　　　3 种基本组态放大电路的比较

电路形式性能指导	共发射极放大电路	共集电极放大电路	共基极放大电路
电流放大系数	较大，如 200	较大，如 200	≤1
电压放大倍数	较大，如 200	≤1	较大，如 100
功率放大倍数	很大，如 20000	较大，如 300	较大，如 200
输入电阻	适中，如 5kΩ	较大，如 50kΩ	较小，如 50Ω
输出电阻	适中，如 10kΩ	较小，如 100Ω	较大，如 50kΩ
输出与输入电压相位	相反	相同	相同

由表 2-1 可以看出，共射组态的放大电路输入电阻 r_i、输出电阻 r_o 都属于中等，且其电压、电流放大倍数都较高，所以共射放大电路是一种最常用的组态，而且将多个共射放大电路级联起来后，还可组成多级放大电路，以获得较高的放大倍数。

共集电极组态的放大电路具有输入电阻 r_i 高、输出电阻 r_o 较小的特点，因此适合作为信号电压源多级放大电路的前级或阻抗变换器，还适用于多级放大电路的后级。但共集电极组态的放大电路电压放大倍数小于且接近于 1，不适合用作多级放大电路的中间级。

共基组态的放大电路的输入电阻 r_i 较低，并且不具有电流放大能力，但其电压放大倍数较高，通频带很宽，适宜应用于超高频和宽频带领域。

思考与练习

1. 影响静态工作点稳定的因素有哪些？其中哪个因素影响最大？如何防范？

2. 静态时耦合电容 C_1、C_2 两端有无电压？若有，其电压极性和大小如何确定？

3. 放大电路的失真包括哪些？在失真情况下，集电极电流的波形和输出电压的波形有何不同？消除这些失真一般采取什么措施？

4. 试述 R_E 和 C_E 在共射放大电路中所起的作用。

5. 放大电路中为什么要设置静态工作点？静态工作点不稳定对放大电路有何影响？

6. 电压放大倍数的概念是什么？电压放大倍数是如何定义的？共射放大电路的电压放大倍数与哪些参数有关？

7. 试述放大电路输入电阻的概念。为什么希望放大电路的输入电阻 r_i 尽量大一些？

8. 试述放大电路输出电阻的概念。为什么希望放大电路的输出电阻 r_o 尽量小一些？

9. 何谓放大电路的动态分析？动态分析的步骤是什么？微变等效电路法的思想是什么？

10. 分析图 2.17 所示各电路中哪些具有放大交流信号的能力，为什么？

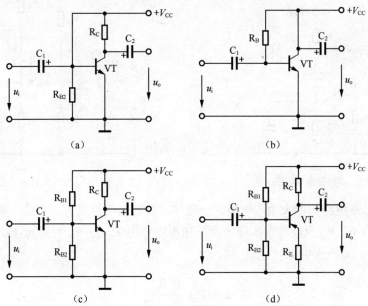

图 2.17 思考与练习题 10 电路图

2.3 单极型管的单级放大电路

用场效应管作为放大器件组成的放大电路称为场效应管放大电路。在场效应管的放大电路中，场效应管和双极型晶体管一样是电路的核心器件，在电路中起以小控大作用。在场效应管的放大电路中，为实现电路对信号的放大作用，也必须建立偏置电路，以提供合适的偏置电压，使场效应管工作在输出特性的恒流区。

根据场效应管放大电路输入、输出回路公共端选择的不同，可把场效应管放大电路分成共源、共漏和共栅 3 种基本组态。由于场效应管具有输入电阻极高的特点，通常很少将场效应管接成共栅组态的放大电路，所以本节只简单介绍两种自给偏压电路、共源、共漏两种组态的单极型管电压放大器。

2.3.1 自给偏压电路

1．自给栅偏压电路

图 2.18 为由 N 沟道耗尽型 MOS 管组成的共源极放大电路。直流偏置为自给栅偏压电路。

图 2.18 中场效应管的栅极通过电阻 R_g 接地，源极通过电阻 R_S 接地。这种偏置方式靠漏极电流 I_D 在源极电阻 R_S 上产生的电压为栅源极间提供一个偏置电压 V_{GS}，故称为自给栅偏压电路。

静态时，源极电位 $V_S=I_DR_S$。由于栅极电流为 0，R_g 上没有电压降，栅极电位 $V_G=0$，所以栅源偏置电压 $U_{GS}=V_G-V_S=-I_DR_S$。

2．分压式自偏压电路

图 2.19 所示的分压式自偏压电路是在自偏压电路的基础上加接分压电路后构成的。

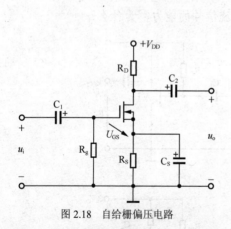

图 2.18　自给栅偏压电路

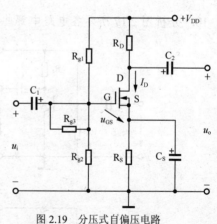

图 2.19　分压式自偏压电路

分压式自偏压电路为增大输入电阻，一般 R_{g3} 的数值取得较大，可达几兆欧。静态时，由于栅极电流为 0，R_{g3} 上没有电压降，所以栅极电位由 R_{g2} 与 R_{g1} 对电源 V_{DD} 分压得到。源极电位 $V_S=I_DR_S$。故栅极电压

$$U_G = V_{DD}\frac{R_{g2}}{R_{g1}+R_{g2}}$$

则栅偏压为

$$U_{GS} = V_{DD} \frac{R_{g2}}{R_{g1} + R_{g2}} - I_D R_S$$

可见，适当选取 R_{g1}、R_{g2} 和 R_S 值，共源放大电路就可得到各类场效应管放大电路所需的正偏压、负偏压或零偏压。

2.3.2　场效应管的微变等效电路

场效应管也是非线性器件，在满足小信号条件下，可用它的线性模型来等效，如图 2.20 所示。图 2.20 中的 g_m 称为低频跨导，g_m 反映了栅源电压对漏极电流的控制作用。这种微变等效思想与建立双极型三极管小信号模型相似，栅极与源极之间为输入端口，漏极与源极之间为输出端口。无论是哪种类型的场效应管，均可认为栅极电流为 0，输入端口视为开路，栅源极间只要有小信号电压 u_{gs} 存在，在输出端口，漏极电流 i_d 是 u_{gs} 的函数。

2.3.3　共源极放大电路

场效应管共源极放大电路与三极管共射放大电路相对应，只是受控源的类型有所不同，由结型场效应管构成的共源组态基本放大电路如图 2.21 所示。

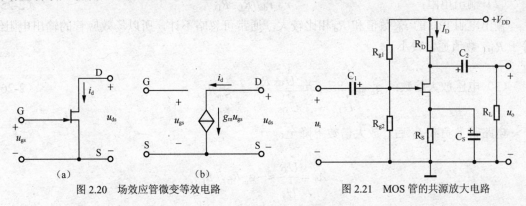

图 2.20　场效应管微变等效电路　　　　图 2.21　MOS 管的共源放大电路

对共源极场效应管放大电路进行静态分析的方法类似于分压式偏置的共射放大电路。根据静态情况下各电容按开路处理，可得出相应的直流通道，对直流通道求出 U_{GS}、U_{DS} 和 I_D 3 个值，它们对应的输出特性曲线上的交点就是静态工作点。

1．静态分析

因场效应管输入电阻极高，所以输入电流近似为 0，栅极相当于开路，R_{g1} 和 R_{g2} 相当于串联，可得：

$$V_G = V_{DD} \frac{R_{g2}}{R_{g1} + R_{g2}}$$

$$V_S \approx I_D R_S$$

$$U_{GSQ} = V_G - V_S \approx V_{DD} \frac{R_{g2}}{R_{g1} + R_{g2}} - I_D R_S \tag{2-21}$$

$$U_{DSQ} \approx V_{DD} - I_D (R_S + R_D) \tag{2-22}$$

$$I_{DQ} \approx V_S / R_S \tag{2-23}$$

2．动态分析

共源极场效应管放大电路的微变等效电路如图 2.22 所示。

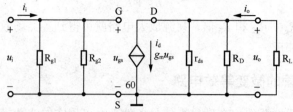

图 2.22　共源极场效应管的微变等效电路

在共源极场效应管放大电路的微变等效电路中，场效应管栅源之间的电阻极大，可视为开路；输出回路中场效应管可看作是一个电压控制的受控电流源，大小是 $g_m u_{gs}$，电流源并联一个输出电阻 r_{ds}，一般 r_{ds} 的数值有几十千欧至几百千欧，在估算时一般可忽略不计。

求解共源极场效应管的微变等效电路的性能指标。

（1）输入电阻：
$$r_i \approx R_{g1} // R_{g2} \tag{2-24}$$

共源放大电路虽然存在分压式偏置电阻并联的影响，但其源放大电路的输入电阻仍然很大，通常可高达几个兆欧。

（2）输出电阻：
$$r_o = r_{ds} // R_D \approx R_D \tag{2-25}$$

输出电阻并联的 r_{dS} 数值和 R_d 相比较大，通常可忽略不计，所以场效应管的输出电阻约等于 R_d，数值通常较小。

（3）电压放大倍数：
$$\dot{A}_u = \frac{\dot{U}_O}{\dot{U}_I} \approx \frac{-g_m \dot{U}_{GS} R_D}{\dot{U}_{GS}} = -g_m R_D \tag{2-26}$$

电路带上负载 R_L 后，放大倍数下降至：

$$\dot{A}_u = \frac{\dot{U}_O}{\dot{U}_i} \approx -g_m R_D // R_L$$

2.3.4　共漏极放大电路

共漏极放大电路又称为源极输出器或源极跟随器，同样具有与共集电极放大电路相同的特性：输入电阻高、输出电阻低和电压放大倍数约等于 1。电路如图 2.23 所示。

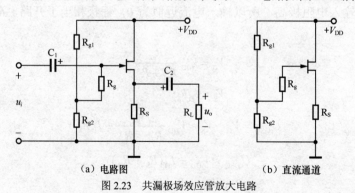

（a）电路图　　　　　　　　　（b）直流通道

图 2.23　共漏极场效应管放大电路

1．静态分析

图 2.23（b）为共漏极场效应管的直流通道，根据直流通道可求出静态工作点如下。

$$U_{GSQ} = V_G - V_S \approx V_{DD}\frac{R_{g2}}{R_{g1}+R_{g2}} - I_D R_S \tag{2-27}$$

$$U_{DSQ} \approx V_{DD} - I_D R_S \tag{2-28}$$

$$I_{DQ} \approx V_S / R_S \tag{2-29}$$

2．动态分析

动态分析首先应画出原电路的交流通道，然后根据微变等效思想画出其小信号条件下的微变等效电路，如图 2.24 所示。

由微变等效电路可求出共漏极场效应管的性能指标如下。

（1）电路输入电阻

$$r_i = R_{g3} + R_{g1} // R_{g2} \tag{2-30}$$

（2）电路输出电阻

令输入电压 $\dot{U}_i = 0$，采用加压求流法求解输出电阻 r_o，画出等效电路如图 2.25 所示。由图可得输出电流为：

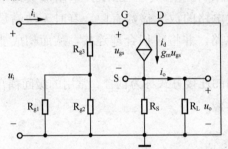

图 2.24　共漏场效应管的微变等效电路

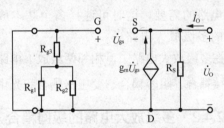

图 2.25　求源极输出器 r_o 的等效电路

$$\dot{I}_O = \frac{\dot{U}_O}{R_S} - g_m \dot{U}_{gs}$$

由于输入端短路，所以：

$$\dot{U}_{gs} = -\dot{U}_O$$

于是有：

$$\dot{I}_O = \frac{\dot{U}_O}{R_S} + g_m \dot{U}_O = \left(\frac{1}{R_S} + g_m\right)\dot{U}_O$$

输出电阻：

$$r_o = \frac{\dot{U}_O}{\dot{I}_O} = \frac{1}{\dfrac{1}{R_S} + g_m} = \frac{1}{g_m} // R_S \tag{2-31}$$

思考与练习

1．选择题

（1）场效应管是利用外加电压产生的＿＿＿＿效应来控制漏极电流的大小的。

　　A．电流　　　　　B．电场　　　　　C．电压

（2）场效应管是_____器件。

  A．电压控制电压 B．电流控制电压 C．电压控制电流 D．电流控制电流

（3）场效应管漏极电流由_____的运动形成。

  A．少子   B．电子   C．多子   D．两种载流子

2．场效应管放大电路共有哪几种组态？共源和共漏放大电路分别对应双极型晶体管哪种组态的放大电路？

2.4　多级放大电路

2.4.1　多级放大电路的组成

在实际应用中，放大电路的输入信号通常很微弱（一般为毫伏或微伏级），为了使放大后的信号能够驱动负载工作，仅仅通过前面所讲的单级放大电路放大信号，很难满足负载驱动的实际要求。为推动负载工作，必须将多个放大电路连接起来，组成多级放大电路，以有效提高放大电路的各种性能，如提高电路的电压增益、电流增益、输入电阻、带负载能力等。例如，要求一个放大电路输入电阻大于 2MΩ，电压放大倍数大于2000，输出电阻小于 100Ω 等。由于单级放大电路的放大倍数有限，有时无法满足实际放大电路的需要，这时可选择多个基本放大电路，并将它们合理连接，从而构成能满足要求的多级放大电路。

在多级放大电路中，相邻两级放大电路之间的连接方式称为耦合。常用的级间耦合方式有直接耦合、阻容耦合、变压器耦合和光电耦合等。

2.4.2　多级放大电路的级间耦合方式

多级放大电路各级之间的连接方式称为耦合。耦合方式应满足下列要求。

（1）耦合后，各级电路仍具有合适的静态工作点。

（2）保证信号在级与级之间能顺利而有效地传输，不引起信号失真。

（3）耦合后，多级放大电路的性能指标必须满足实际负载的要求，尽量减少信号在耦合电路的损失。

1．阻容耦合

通过电容和电阻将信号由一级传输到另一级的方式称为阻容耦合，如图 2.26 所示的典型两级阻容耦合放大电路。

电路特点：级与级之间通过电容器连接。

多级直接耦合的放大电路前后级电位互相牵制

优点：耦合电容具有隔直通交作用，这使各级电路的静态工作点相互独立，给设计和调试带来了方便，且电路体积小、重量轻。

缺点：耦合电容的存在对输入信号产生一定的衰减，从而使电路的频率特性受到影响，加之不便于集成化，因而在应用上也就存在一定的局限性。

2．直接耦合

多级放大电路中，各级之间直接连接或通过电阻连接的方式称为直接耦合，如图 2.27

所示。

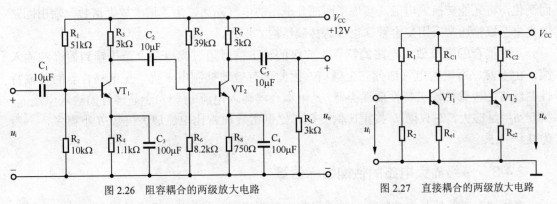

图 2.26　阻容耦合的两级放大电路

图 2.27　直接耦合的两级放大电路

直接耦合的多级放大电路各级的静态工作点将相互影响。如图 2.27 中 VT_1 管的 U_{CE1} 受到 U_{BE2} 的限制，仅有 0.7V 左右。因此，第一级输出电压的幅值将很小。为了保证第一级有合适的静态工作点，必须提高 VT_2 管的发射极电位，为此，常在 VT_2 的发射极接入电阻、二极管或稳压管等。

优点：直接耦合放大电路既可放大交流信号，也可放大直流和变化非常缓慢的信号，且信号传输效率高，具有结构简单、便于集成等优点，所以集成电路中多采用这种耦合方式。

缺点：存在各级静态工作点相互牵制和零点漂移这两个问题。

3．变压器耦合

变压器耦合的多级放大电路如图 2.28 所示。

特点：级与级间通过变压器连接。

优点：静态工作点相互独立、互不影响；因为容易实现阻抗变换，所以容易获得较大的输出功率。

缺点：变压器体积大而重，不便于集成，频率特性较差，也不能传输直流和变化非常缓慢的信号，所以其应用受到很大限制，目前极少使用这种耦合方式。

4．光电耦合

光电耦合是以光信号为媒介实现电信号的耦合和传递的，因其抗干扰能力强而得到越来越广泛的应用。实现光电耦合的基本器件是光电耦合器，如图 2.29 所示。

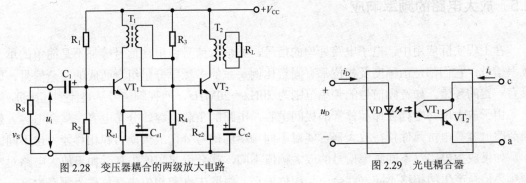

图 2.28　变压器耦合的两级放大电路

图 2.29　光电耦合器

光电耦合器将发光元件（发光二极管）与光敏元件（光电三极管）相互绝缘地组合在一起，其中发光二极管构成输入回路，发光二极管的亮度由电流 i_D 控制，发光二极管发出的光强照射到光电三极管，使光电三极管产生电流 i_C 作为输出回路，光电三极管的电流 i_C 随光强而变化，将光能转换成电能，实现了两部分电路的电气隔离。为了增大放大倍数，输出回路的光电三极管通常采用复合管（也称达林顿结构）形式。

光电耦合的多级放大电路的特点：前级的输出信号通过光电耦合器传输到后级的输入端，由于前、后级的电气部分完全隔离，因此可有效地抑制电干扰。光电耦合器的传输特性曲线与三极管的输出特性曲线类似，光电耦合器输入电流 i_D 相当于晶体管的输入电流 i_B，只要 u_{CE} 足够大，i_C 只随 i_B 按正比例变化，比例常数通常比电流放大倍数 β 小得多，一般为 $0.1 \sim 1.5$。

2.4.3　多级放大电路的性能指标估算

多级放大电路的基本性能指标与单级放大电路相同，即包括电压放大倍数、输入电阻和输出电阻。

1．电压放大倍数

总电压放大倍数等于各级电压放大倍数的乘积，即

$$A_u = A_{u1} \times A_{u2} \times A_{u3} \times \cdots \times A_{un} \tag{2-32}$$

2．输入电阻

多级放大电路的输入电阻就是输入级的输入电阻。

$$r_i = r_{i1} \tag{2-33}$$

3．输出电阻

多级放大电路的输出电阻就是输出级的输出电阻。

$$r_o = r_{on} \tag{2-34}$$

在具体计算输入电阻和输出电阻时，当输入级为共集电极放大电路时，还要考虑第 2 级的输入电阻作为负载时对输入电阻的影响；当输出级为共集电极放大电路时，同样要考虑前级对输出电阻的影响。

思考与练习

1．多级放大电路通常有哪些耦合方式？它们各自具有什么优缺点？

2．多级放大电路的性能指标有哪些？与单级放大电路有何不同？

2.5　放大电路的频率响应

在工程实际应用中，电子电路处理的信号，如语音信号、电视信号等都不是简单的单一频率信号，它们都是由幅度及相位都有固定比例关系的多频率分量组合而成的复杂信号，即具有一定的频谱。如音频信号的频率范围为 20Hz～20MHz，而视频信号从直流到几十兆赫。

由于放大电路中存在如晶体管的极间电容，电路的负载电容、分布电容、耦合电容、射极旁路电容等电抗元件使得放大器可能对不同频率的信号分量放大能力和相移能力也不同。

如果放大电路对不同频率信号的放大幅值不同，就会引起幅度失真；如果放大电路对不同频率信号产生的相移不同，就会引起相位失真。幅度失真和相位失真总称为频率失真。

2.5.1　频率响应的基本概念

1．基本概念

频率响应是衡量放大电路对不同频率的信号适应能力的一项技术指标。频率响应表达式为：

$$\dot{A}_{u} = A_{u}(f)\angle\varphi(f) \tag{2-35}$$

式中：$A_{u}(f)$ 表示电压放大倍数的模与频率 f 之间的关系，称为幅频响应；$\varphi(f)$ 表示放大器输出电压与输入电压之间的相位差 φ 与频率 f 之间的关系，称为相频响应。

放大电路的幅频响应和相频响应合称为放大电路的频率响应。考虑分布电容和耦合电容作用时的共射放大电路示意图如图 2.30 所示。

2．频率响应的原理电路图

考虑三极管极间电容和耦合电容、旁路电容时的共射放大电路如图 2.30 所示。

2.5.2　放大电路的频率特性

单管共射放大电路的幅频特性和相频特性如图 2.31 所示。

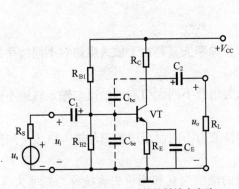

图 2.30　考虑电容作用时的共射放大电路

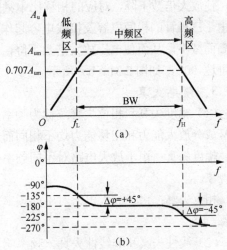

图 2.31　单管共射放大电路频率特性曲线

1．上限频率、下限频率和通频带

由幅频特性可观察到，信号频率下降或上升而使电压放大倍数下降到中频区的 0.707 倍 A_{um} 时，对应的频率分别为下限截止频率 f_L（简称下限频率）和上限截止频率 f_H（简称上限频率）。

上限频率 f_H 至下限频率 f_L 的一段频率范围称为通频带，用 BW 表示，即

$$BW = f_H - f_L \tag{2-36}$$

2．频率特性

在分析共射放大电路时，前面的讨论都是假定信号频率在中频范围，因此耦合电容 C_1、C_2 和旁路电容 C_E 可视为交流短路，将三极管极间电容及分布电容视为开路。但实际上，当输入信号的频率改变时，这些因素均不能忽略。

观察图 2.31（a）所示的幅频特性，幅频特性曲线中间有一个较宽的频率范围比较平坦，说明这一频段的放大倍数基本上不随信号频率的变化而变化，该段频率范围称为放大电路的

中频区，中频区的电压放大倍数用 A_{um} 表示。

在共射放大电路中频区的频率范围内，电压放大倍数 A_{um} 和相位差 $\varphi = -180°$ 基本不随频率变化。这是因为该区内的 C_1、C_2、C_E 数值很大，相应的容抗很小，可视为短路；而三极管的极间分布电容 C_{be} 和 C_{bc} 数值很小，相应的容抗很大，可视为开路，即所有电容对电路的影响均可以忽略不计，所以中频段的电压放大倍数基本上是一个与频率无关的常数。

$f < f_L$ 的一段频率范围称为低频区。该区的频率通常小于几十赫兹，因此在低频区，三极管的极间分布电容 C_{be} 和 C_{bc} 的容抗增大，可视为开路；耦合电容 C_1、C_2 和旁路滤波电容 C_E 的容抗增大，损耗了一部分信号电压，因此在低频段，共射电压放大器的电压增益将随信号频率下降而减小。

$f > f_H$ 的一段频率范围称为高频区。高频区的频率通常大于几十千赫至几百千赫。在高频范围内，耦合电容 C_1、C_2、C_E 的容抗减小，可视为短路；但三极管的极间分布电容 C_{be} 和 C_{bc} 的容抗减小，因此对信号电流起分流作用，故电压增益将随频率的增加而减小。

观察图 2.31（b）所示的相频特性，在通频带以内的频率范围 BW 区间，由于各种容抗影响极小而忽略不计，因此除了晶体管的反相作用外，无其他附加相移，所以中频电压放大倍数的相角 $\varphi \approx -180°$；在低频区内耦合、旁路电容的容抗不可忽略，因此要损耗掉一部分信号，使放大倍数下降，对应的相移比中频区超前一个附加相位移 $+\Delta\varphi$，最大可达 $+90°$；高频区由于三极管的极间电容及接线电容起作用，将信号旁路掉一部分，晶体管的 β 值也随频率升高而减小，从而使电压放大倍数下降，对应的相移比中频区滞后一个附加相位移 $-\Delta\varphi$，最大可达 $-90°$，如图 2.31（b）所示。

3．频率失真

（1）幅度失真和相位失真统称为频率失真，产生频率失真是由于放大电路对不同频率的信号成分放大能力和相移能力均不相同而造成的。

幅度失真：由于放大电路对不同频率分量的放大倍数不同而引起的输出与输入轨迹不同的现象。

相位失真：由于放大电路对不同频率分量的相移能力不同而造成输出与输入轨迹不同的现象。

（2）线性失真和非线性失真。频率响应中出现的幅度失真和相位失真统称为频率失真。所谓失真，都是指输出信号的波形与输入信号的波形相比，不能按照输入信号波的轨迹变化，即输出波出现了畸变。看起来频率失真和前面所讲的放大电路的饱和失真和截止失真都是输出与输入波形轨迹不同，但实际上，频率失真不产生新的频率成分，因此称为线性失真。

前面讲的饱和失真和截止失真是由于放大电路中的非线性器件三极管的工作点设置不当而造成的。这两种失真造成的输出出现削顶现象，说明输出不再和输入波一样是单纯的正弦波，而是产生了新的频率成分，因此称为非线性失真。

应正确认识线性失真和非线性失真，并区别它们的不同点。

2.5.3　波特图

在研究放大电路的频率响应时，由于信号的频率范围很宽，从几赫到几百兆赫以上，另

外电路的放大倍数可高达百万倍，为了压缩坐标，扩大视野，在有限坐标空间内完整地描述频率特性曲线，把幅频特性和相频特性的频率坐标采用对数刻度，幅频特性的纵坐标改用电压增益分贝数 $20\lg|\dot{A}_u|$ 表示，相频特性纵坐标仍把相位差 φ 用线性刻度，这种半对数坐标对应的频率特性曲线称为对数频率特性或波特图。共射放大电路的完全频率响应波特图如图 2.32 所示。

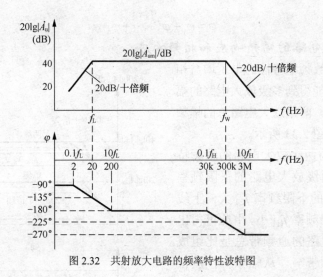

图 2.32 共射放大电路的频率特性波特图

波特图的画法步骤如下。

（1）根据电路参数计算出中频电压放大倍数 A_{um} 以及上限频率 f_H 和 f_L。

（2）画幅频特性波特图。确定中频区的高度，从 f_L 至 f_H 画一条高度等于 $20\lg|\dot{A}_{um}|$ 的水平直线，再自 f_L 处至左下方，做一条斜率为 20dB 每十倍频的直线，从 f_H 处开始向右下方做一条斜率为 -20dB 每十倍频的直线，这三条直线构成的折线即为幅频特性波特图。如图 2.32 上边折线所示。

（3）画相频特性波特图。在中频区，由于共射放大电路输出、输入为反相关系，故从 $10f_L \sim 0.1f_H$ 画一条 $\varphi = -180°$ 的水平直线。在低频区，当 $\varphi < 0.1f_L$ 时，$\varphi = -180° + 90° = -90°$；在从 $0.1f_L \sim 10f_L$ 之间画一条斜率为 -45° 每十倍频的直线，该直线的 f_L 处 $\varphi = -135°$。在高频区，当 $\varphi > 10f_H$ 时，$\varphi = -180° - 90° = -270°$；从 $0.1f_H \sim 10f_H$ 之间画一条斜率为 -45° 每十倍频的直线，该直线的 f_H 处 $\varphi = -225°$。上述 5 条直线构成的折线即为相频特性波特图。如图 2.32 下边折线所示。

放大电路的电压放大倍数与对数 $20\lg|A_u|$ 之间的对应关系如表 2-2 所示。

表 2-2　　　　　　　　　　电压放大倍数与对数 $20\lg|A_u|$ 之间的对应关系

$\vert A_u \vert$	0.01	0.1	0.707	1	$\sqrt{2}$	2	10	100
$20\lg\vert A_u \vert$	−40	−20	−3	0	3	6	20	40

波特图的横坐标频率 f 采用 $\lg f$ 对数刻度，这样将频率的大幅度变化范围压缩在一个小范围内，幅频特性的纵坐标是电压增益，用分贝（dB）表示为 $20\lg|A_u|$，当 $|A_u|$ 从 10 倍变化到 100 倍时，分贝值只从 20 变化到 40。显然压缩了坐标，扩大了视野。

2.5.4 多级放大电路的频率响应

1．多级放大电路的幅频特性

因多级放大电路的电压放大倍数 $A_u = A_{u1} \cdot A_{u2} \cdot A_{u3} \cdots A_{un}$，故其幅频特性为

$$20\lg|\dot{A}_u| = 20\lg|\dot{A}_{u1}| + 20\lg|\dot{A}_{u2}| + \cdots + 20\lg|\dot{A}_{un}| \tag{2-37}$$

相频特性为

$$\varphi = \varphi_1 + \varphi_2 + \cdots + \varphi_n \tag{2-38}$$

2．多级放大电路的幅频响应和相频响应

只要将各级对数频率特性的电压增益相加，相位相加，就能得到多级放大电路的幅频特性和相频特性。两级放大电路总的幅频特性和相频特性如图 2.33 所示。

图 2.33（a）为两级放大电路的幅频特性波特图，显然两级放大电路的下限频率 f_L 比单级放大电路的下限频率 f_{L1} 大，上线频率 f_H 比单级上限频率 f_{H1} 小，由此可得出结论：多级放大电路的通频带总是比组成它的每一级的通频带窄。从幅频特性波特图还可看出，对应单级幅频特性上 f_{L1}、f_{H1} 两处下降 3dB，在两级放大电路的幅频特性上将下降 6dB。

多级放大电路与单级放大电路相比，总的频带宽度 f_{BW} 虽然变窄了，但换来的是整个放大电路的放大倍数得到很大的提高。

多级放大电路的上限截止频率和下限截止频率可用下列公式估算：

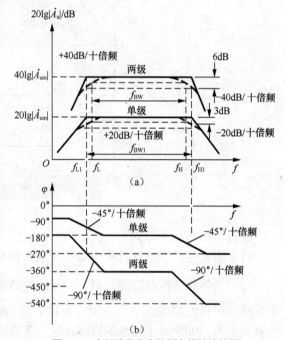

图 2.33 多级放大电路的频率特性波特图

$$f_L \approx 1.1\sqrt{f_{L1}^2 + f_{L2}^2 + \cdots + f_{Ln}^2} \tag{2-39}$$

$$\frac{1}{f_H} \approx 1.1\sqrt{\frac{1}{f_{H1}^2} + \frac{1}{f_{H2}^2} + \cdots + \frac{1}{f_{Hn}^2}} \tag{2-40}$$

图 2.33（b）为两级放大电路的相频特性波特图。显然两级共射放大电路的输出经过了又一次反相后，在通频带范围内与输入同相。低频区最高可达 180° 的超前相移；高频区最高可达到 −180° 的滞后相移。

思考与练习

1. 何谓放大电路的频率响应？何谓波特图？
2. 试述单级和多级放大电路的通频带和上、下限频率有何不同。
3. 试述线性失真和非线性失真概念的不同点，说明频率响应属于哪种失真。

能 力 训 练

分压式偏置共射放大电路静态工作点的调试

一、实验目的

1. 了解和初步掌握单管共发射极放大电路静态工作点的调整方法；学习根据测量数据计算电压放大倍数、输入电阻和输出电阻的方法。

2. 观察静态工作点的变化对电压放大倍数和输出波形的影响。

3. 进一步掌握双踪示波器、函数信号发生器、电子毫伏表的使用方法。

二、实验主要仪器设备

1. 模拟电子实验装置　　　一套
2. 双踪示波器　　　　　　一台
3. 函数信号发生器　　　　一台
4. 电子毫伏表、万用表　　各一个
5. 其他相关设备及导线　　若干

三、实验原理图

实验原理图如图 2.34 所示。

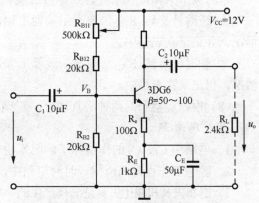

图 2.34　分压式偏置共射放大实验电路原理图

四、实验原理

（1）为了获得最大不失真输出电压，静态工作点应选在交流负载线的中点。为使静态工作点稳定，必须满足小信号条件。

（2）静态工作点可由下列关系式计算。

$$V_{BQ} = \frac{R_{B2}}{R_{B1}+R_{B2}}V_{CC}, \quad I_{CQ} \approx I_{EQ} = \frac{V_{BQ}-U_{BEQ}}{R_E+R_e},$$

$$U_{CEQ} \approx V_{CC} - I_{CQ}(R_E + R_e + R_C)$$

（3）电压放大倍数、输入、输出电阻计算。

$$A_u = \frac{u_o}{u_i} = -\frac{|U_{oP-P}|}{|U_{iP-P}|}$$

式中负号表示输入、输出信号电压的相位相反。式中的输入、输出电压峰—峰值根据示波器上波形的踪迹正确读出。

$$r_i = R_{B1} /\!/ R_{B2} /\!/ [r_{be}+(1+\beta)R_e]$$

$$r_{be} = 300\Omega + (1+\beta)\frac{26mA}{I_{EQ}(mA)} \quad （选择 \beta = 60）$$

$$r_o = R_C$$

五、实验步骤

（1）调节函数信号发生器，产生一个输出为 $u_i=80mV$、$f=1000Hz$ 的正弦波，将此正弦信号引入共射放大电路的输入端。

（2）把示波器 CH1 探头与电路输入端相连，电路与示波器共"地"，均连接在实验电路的"地"端。

（3）调节电子实验装置上的直流电源，使之产生 12V 直流电压输出，引入实验电路中的+V_{CC}端子上。

（4）实验电路的输出端子与示波器 CH2 探头相连。用数字电压表的直流电压挡 20V，红表笔与在实验电路中的 V_B 处相接，黑表笔与"地"接触，测量 V_B 值。

（5）调节 R_{B11}，观察示波器屏幕中的输入、输出波形，若静态工作点选择合适，本实验电路中 V_B 的数值通常在 3～4V。将读出的数据和输入、输出信号波形填写于附表。

（6）从示波器中读出输入、输出信号的 P-P 值，由两个 P-P 值的比值算出放大电路的电压放大位倍数 A_u。由电路参数计算出放大电路的输入、输出电阻。

（7）调节 R_{B11}，观察静态工作点的变化对放大电路输出波形的影响。

① 逆时针旋转 R_{B11}，观察示波器上输出波形的变化，当波形失真时，观察波形的削顶情况，并记录在表格中。

② 顺时针旋转 R_{B11}，观察示波器上输出波形的变化，当波形失真时，观察波形的削顶情况，仍记录在表格中。

（8）根据观察到的两种失真情况，正确判断出哪个为截止失真，哪个是饱和失真。

六、思考题

1．电路中 C_1、C_2 的作用你了解吗？说一说。

2．静态工作点偏高或偏低时对电路中的电压放大倍数有无影响？

3．饱和失真和截止失真是怎样产生的？如果输出波形既出现饱和失真，又出现截止失真是否说明静态工作点设置得不合理？为什么？

实验原始数据记录

附表　　　　　　　　　　　　常用电子仪器使用的测量数据

测量值	V_B（V）	U_{OP-P}（V）	U_{IP-P}（V）	输入波形	输出波形
R_{B11} 合适					
R_{B11} 减小					
R_{B11} 增大					
测量估算值	A_u	r_i	r_o		
R_{B11} 合适					

电子电路识图、读图训练一

电子设备中有各种各样的图。能够说明模拟电子电路工作原理的是模拟电路原理图，简称电子电路图。电子电路图用各种图形符号表示电阻器、电容器、开关、晶体管等实物，用线条把元器件和单元电路按工作原理的关系连接起来。一张电子电路图就好像一篇文章，各种单元电路就好比是句子，电路中的各种元器件就是组成句子的单词。要想看懂电子电路图，就得从认识单词——元器件开始。

一、电路图中元器件的识别

有关电阻器、电容器、电感线圈、晶体管等元器件的用途、类别、使用方法等内容，通过以前的学习相信很多读者已经掌握得不错了，这里再稍微重复说明一下，希望能让读者的记忆更加深刻。

1．电阻器与电位器的识图

各种电阻器和电位器的图符号如图 2.35 所示。其中图 2.35（a）表示一般固定阻值的电阻器，图 2.35（b）表示半可调或微调电阻器；图 2.35（c）表示电位器；图 2.35（d）表示带开关的电位器。电阻器的文字符号是"R"，电位器是"R_P"或"R_W"即在 R 的后面再加一个说明它有调节功能的字符。在某些电路中，对电阻器的功率有一定要求，可分别用图 2.35（e）、图 2.35（f）、图 2.35（g）、图 2.35（h）所示的符号来表示。

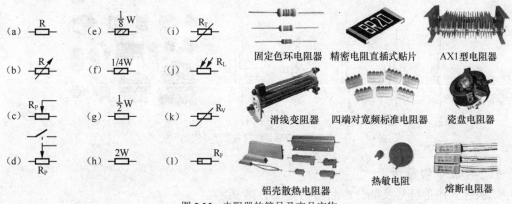

图 2.35　电阻器的符号及产品实物

热敏电阻的电阻值是随外界温度而变化的。有的是负温度系数的，用 NT_C 表示；有的是正温度系数的，用 PT_C 表示。它的符号如图 2.35（i）所示，用 θ 或 t^o 来表示温度。热敏电阻的文字符号是"R_T"。光敏电阻器的符号如图 2.35（j）所示，有两个斜向的箭头表示光线。它的文字符号是"R_L"。压敏电阻的阻值随电阻器两端所加电压的变化而变化，其电路图符号如图 2.35（k）所示，用字符 V 表示电压。压敏电阻的文字符号是"R_V"。这 3 种电阻器实际上都是半导体器件，但习惯上我们仍把它们当作电阻器。除上述三种特殊电阻器之外，还有一种特殊的电阻器符号，表示新近出现的保险电阻，保险电阻兼有电阻器和熔丝的作用。当温度超过 500℃时，电阻层迅速剥落熔断，切断电路，从而起到保护电路的作用。保险电阻的阻值很小，目前在彩电中用得很多，其图形符号如图 2.35（l）所示，文字符号是"R_F"。

2．电容器的符号

电容器的符号及产品实物如图 2.36 所示。

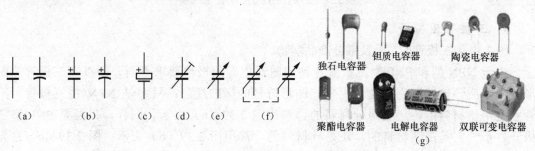

图 2.36　电容器的符号及产品实物

其中图 2.36（a）表示容量固定的电容器；图 2.36（b）表示有极性电容器，如各种电解电容器；图 2.36（c）表示有极性的电解电容器；图 2.36（d）表示微调电容器；图 2.36（e）表示容量可调的可变电容器；图 2.36（f）表示一个双连可变电容器；图 2.36（g）是电容器产品实物。电容器的文字符号是"C"。

3．电感器的符号

电感线圈在电路图中的图形符号以及产品实物如图 2.37 所示。

图 2.37（a）是电感线圈的一般符号，图 2.37（b）是带磁芯或铁芯的线圈，图 2.37（c）是铁芯有间隙的线圈，图 2.37（d）是带可调磁芯的可调电感，图 2.37（e）是有多个抽头的电感线圈；图 2.37（f）是电感器产品实物图。电感线圈的文字符号是"L"。

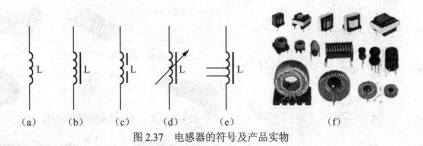

图 2.37　电感器的符号及产品实物

4．二极管的符号

二极管的图形符号及部分产品实物如图 2.38 所示。

图 2.38（a）为一段二极管的符号，箭头所指的方向就是电流流动的方向，即在这个二级管上端接正，下端接负电压时，它就能导通；图 2.38（b）是稳压二极管符号；图 2.38（c）是变容二极管符号，旁边的电容器符号表示它的结电容是随着二极管两端的电压而变化的；图 2.38（d）是热敏二极管符号；图 2.38（e）是发光二极管符号，用两个斜向放射的箭头表示它能发光；图 2.38（f）光电（光敏）二极管符号；图 2.38（g）是磁敏二极管符号，它能对外加磁场作出反应，常被制成接近开关用在自动控制方面；图 2.38 右为部分二极管产品实物。二极管的文字符号常用"D"表示，目前新标准改为用"VD"表示。

图 2.38　二极管的符号及部分产品实物

5．三极管图符号

图 2.39 为三极管的符号及部分产品实物。

由于 NPN 型和 PNP 型三极管在使用时对电源的极性要求不同，所以在三极管的图形符号中应该能够区别和表示出来。图形符号的标准规定：只要是 NPN 型三极管，不管它是用锗材料的，还是用硅材料的，都用图 2.39（a）表示。同样，只要是 PNP 型三极管，不管它是用锗材料的，还是硅材料的，都用图 2.39（b）表示。图 2.39（c）是光敏三极管的符号。图 2.39（d）表示一个硅 NPN 型磁敏三极管，图 2.39（e）为部分三极管产品实物。

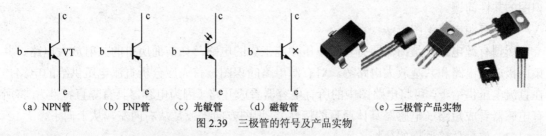

（a）NPN管　　（b）PNP管　　（c）光敏管　　（d）磁敏管　　（e）三极管产品实物

图 2.39　三极管的符号及产品实物

二、单元电路的认识和读图

单元电路的识图、读图训练，是电子电路爱好者初学时必须掌握的基本功之一，对今后分析整机电子电路的工作原理过程十分必要。因为单元电路图能够完整地表达某一级电路的结构和工作原理，有时还全部标出电路中各元器件的参数，如标称阻值、标称容量和三极管型号等。单元电路对深入理解整机电路的工作原理和记忆电路的结构、组成很有帮助。

1．单元电路图的特点

单元电路图具有下列特点。

（1）单元电路图主要是为了便于分析某个单元电路的工作原理而单独将这部分电路画出的电路图，所以在图中省去了与该单元电路无关的其他元器件和有关的连线、符号，这样单元电路图就显得比较简洁、清楚，识图时没有其他电路的干扰。单元电路图基本上都对电源、输入端和输出端进行了简化，如图 2.40 所示的电路。

单元电路图中通常用 $+U$ 表示直流工作电压（其中正号表示采用正极性直流电压给电路供电，地端接电源

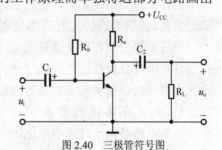

图 2.40　三极管符号图

的负极）；u_i 表示输入信号，是这一单元电路所要放大或处理的信号；u_o 表示输出信号，是经过这一单元电路放大或处理后的信号。在单元电路图中通过这样标注可方便地找出电源端、输入端和输出端，而在实际电路中，这三个端点的电路均与整机电路中的其他电路相连，没有 $+U$、u_i 和 u_o 的标注，显然会给初学者的识图和读图造成一定的困难。

例如，见到 u_i 可以知道信号是通过电容 C_1 加到三极管 VT_1 基极的；见到 u_o 可以知道信号是从三极管 VT 集电极输出的，这相当于在电路图中标出了放大器的输入端和输出端，大大方便了电路工作原理的分析。

（2）单元电路图采用习惯画法，初学者容易看明白。例如，元器件采用习惯画法，各元器件之间采用最短的连线，而在实际的整机电路图中，由于受电路中其他单元电路中元器件的制约，有关元器件画得比较乱，有的不是常见的画法，有个别元器件画得与该单元电路相距较远，这样电路中的连线很长且弯弯曲曲，造成识图和理解电路工作原理不便。

（3）单元电路图只出现在讲解电路工作原理的书刊中，实用电路图中是不出现的。学习单元电路是学好电子电路工作原理的关键。只有掌握了单元电路的工作原理，才可能分析整机电路。

2．单元电路的识图方法

单元电路的种类繁多，而各种单元电路的具体识图方法也各有差异，这里介绍单元电路

识图的共性问题。

（1）有源电路识图方法

所谓有源电路，是指需要有直流电压才能工作的电路，如前面所讲的共射放大电路、共集电极放大电路和共基放大电路等。对有源电路的识图，首先应分析直流电压供给的电路，在直流电压供给下，可将电路图中的所有电容器看成开路（因为电容器具有隔直特性），将所有电感器看成短路（电感器具体通直的特性）。识图方向一般是从右向左，从上向下。

（2）信号传输过程的分析

信号传输过程就是分析信号在该单元电路中如何从输入端传输到输出端，信号在这一传输过程中受到了怎样的处理（如放大、衰减、控制等）。信号传输的识图方向一般是从左向右进行。

（3）元器件作用分析

元器件作用分析就是分析电路中各元器件起什么作用，主要从直流和交流两个角度分析。例如，分压式偏置的共射放大电路中的电容 C_1 和 C_2，直流静态分析时它们由于自身的隔直作用而相当于开路，交流动态分析时它们又相当于短路。

（4）电路故障分析

电路故障分析就是分析电路中的元器件出现开路、短路、性能变劣后，会对整个电路工作造成什么样的不良影响，使输出信号出现什么故障现象（如没有输出信号、输出信号小、信号失真、出现噪声等）。在弄清楚电路工作原理之后，元器件的故障分析才会变得比较简单。

整机电路中的各种功能单元电路繁多，许多单元电路的工作原理十分复杂，若在整机电路中直接进行分析就比较困难，分析单元电路图之后再分析整机电路，就会比较简单，所以单元电路图的识图实际上也是为整机电路的分析服务的。

3．放大电路读图要点

放大电路是电子技术中变化较多和较复杂的电路。当拿到一张放大电路图时，首先要把它逐级分解开，然后一级一级地分析弄懂其原理，最后全面综合。读图时要注意以下几点。

（1）在逐级分析时要区分主要元器件和辅助元器件。

放大器中使用的辅助元器件很多，如偏置电路中的温度补偿元件，稳压稳流元器件，防止自激振荡的防振元件、去耦元件，保护电路中的保护元件等。

（2）在分析中最主要和最困难的是反馈的分析，要找出反馈通路，判断反馈的极性和类型，特别是多级放大器，往往是后级将负反馈加到前级，因此更要细致分析。

（3）一般低频放大器常用 RC 耦合方式；高频放大器则常与 LC 调谐电路有关，或是用单调谐或双调谐电路，而且电路中使用的电容器容量一般比较小。

（4）注意晶体管和电源的极性，单管小信号放大电路通常使用单电源供电，集成放大器则大多使用双电源，这是放大电路的特殊性。

第二单元 习题

1．试画出 PNP 型三极管的基本放大电路，并注明电源的实际极性以及三极管各电极上实际电流的方向。

2．放大电路中为何设立静态工作点？静态工作点的高、低对电路有何影响？

3. 指出图 2.41 所示各放大电路能否正常工作，如不能，请校正并加以说明。

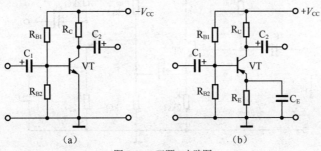

图 2.41 习题 3 电路图

4. 共发射极放大器中集电极电阻 R_C 起什么作用？

5. 在如图 2.42 所示的分压式偏置放大电路中，已知 $R_C = 3.3\text{k}\Omega$，$R_{B1} = 40\text{k}\Omega$，$R_{B2} = 10\text{k}\Omega$，$R_E = 1.5\text{k}\Omega$，$\beta=70$。求静态工作点 I_{BQ}、I_{CQ} 和 U_{CEQ}。（图中晶体管为硅管）

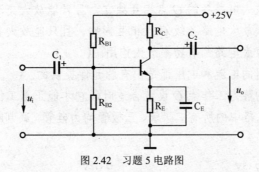

图 2.42 习题 5 电路图

6. 画出图 2.42 所示电路的交流通道，并根据交流通道画出其微变等效电路。根据微变等效电路进行动态分析。求解电路的电压放大倍数 A_u，输入电阻 r_i 和输出电阻 r_o。

7. 在图 2.42 所示的电路中，如果接上负载电阻 $R_L = 3\text{k}\Omega$，电路的输出等效电阻和电压放大倍数发生变化吗？分别等于多少？

8. 在图 2.43 所示的两电路中，当信号源电压均为 $u_S = 5\sin\omega t\ \text{V}$，$V_{CC} = +12\text{V}$，$\beta = 70$，$r_{be}=1.39\text{k}\Omega$ 时，试分别计算图 2.43（a）、图 2.43（b）两电路的输出电压 u_o，并比较计算结果。

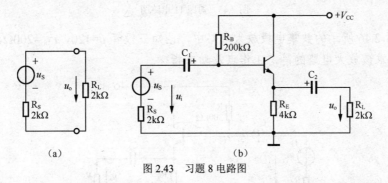

图 2.43 习题 8 电路图

9. 两级交流放大电路如图 2.44 所示，其中两个三极管的电流放大倍数 $\beta_1 = \beta_2 = 50$，两个三极管的输入电阻 $r_{be1}=r_{be2}=1\text{k}\Omega$，试求放大电路的电压放大倍数 A_u、电路的输入电阻 r_i 及输出电阻 r_o。

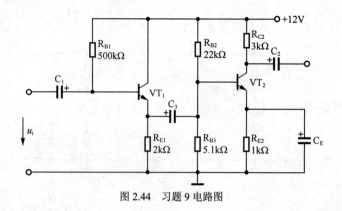

图 2.44　习题 9 电路图

10. 判断下列说法的正误。

（1）现测得两个共射大电路空载时的 A_u 均等于-100，将它们连成两级放大电路，其两级放大电路的电压增益为 10000。（　　）

（2）阻容耦合多级放大电路各的 Q 点相互独立，且只能放大交流信号。（　　）

（3）直接耦合的多级放大电路各级 Q 点相互影响，且只能放大直流信号。（　　）

（4）可以说，任何放大电路都有功率放大作用。（　　）

（5）放大电路中输出的电流和电压都是由有源元件提供的。（　　）

（6）共射放大电路的静态工作点 Q 设置合适时，它才能正常工作。（　　）

11. 设图 2.45 所示电路中的所有二极管、三极管均为硅管，试判断图 2.43 中三极管 VT_1、VT_2 和 VT_3 的工作状态。

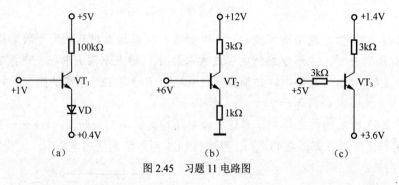

图 2.45　习题 11 电路图

12. 在图 2.46 所示的共集电极放大电路中，已知三极管 $\beta=120$，$r'_{bb}=200\Omega$，$U_{BE}=0.7V$，$V_{CC}=12V$，试求该放大电路的静态工作点及动态指标。

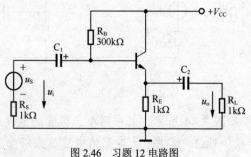

图 2.46　习题 12 电路图

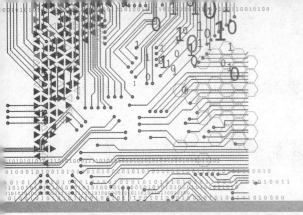

第三单元
集成运算放大器

任务导入

将一个或多个成熟的单元电路应用半导体工艺集成在一块半导体硅片上，再从这个硅片上引出几个管脚，作为电路供电和外界信号的通道，这种产品称为集成电路。

模拟集成电路被广泛应用在收录机、电视机、音响设备等各种视听设备中，这些设备虽然有时也冠以"数码设备"，但实际上离不开模拟集成电路。集成电路的技术发展直接促进了整机的小型化、高性能化、多功能化和高可靠性。毫不夸张地说，集成电路是工业的"食粮"和"原油"。随着 EDA 技术的普及和深化，集成电路的发展必将会以前所未有的面貌出现。读者必须更新观念，加速对新器件、新特点的理解和应用。

许多电子爱好者都是从装收音机、音响放大器开始对集成电路感兴趣的。收音机和音响放大器中的集成电路主要是集成运算放大器。由于集成运算放大器问世初期主要是对计算机内部信息进行加法、减法、微分、积分及乘、除法等数学运算等，因此得名集成运算放大器。

随着半导体集成工艺的飞速发展，集成运算放大器的应用已远远超出了模拟计算机的界限，集成运算放大器的品种也越来越多，图 3.1 为几种常用集成运算放大器的产品外形。

图 3.1　常用集成运算放大器产品外形

学习集成运算放大器，首先要了解其内部结构组成及各部分作用，其次还要学会集成电路的识图、读图，在这些基础上，重点注意集成运算放大器的性能指标参数和在线各管脚电压，因为这是在具体应用中判断集成电路好坏及故障的依据。

本单元从集成运放的组成结构入手，首先介绍集成运放输入级—差动放大电路的构成、工作原理及其在运放中的作用，再介绍反馈、负反馈、正反馈等概念及其反馈在集成运算放大器中的作用以及反馈类型的判别方法，最后介绍集成运算放大电路近似估算时的重要入门知识——理想集成运放的条件及其两个重要概念。要求读者通过本单元的学习，理解差动放大电路利用其对称性实现抑制零点漂移的原理；掌握反馈、正反馈、负反馈的概念；熟悉集成运放的主要技术指标和电压传输特性；掌握集成运放的理想化条件，理解"虚断"和"虚短"两个重要概念。

理 论 基 础

3.1 集成运算放大器概述

模拟集成电路品种繁多，其中应用最为广泛的是集成运算放大器。

第 2 单元讨论的放大电路都是由单个元件连接起来的电路，称为分立元件电路。科学技术的迅速发展要求电子电路完成的功能越来越多，其复杂程度也不断增加。例如，一台电子计算机上采用的元器件数目就高达几千甚至上万。元件数目的庞杂，给分立元件电路的应用带来极大的问题：一是元器件数目增多必将导致设备的体积、重量、电能消耗增大；二是元器件之间的焊点太多，必然增大设备的故障率。为解决上述问题，研制出了崭新的电子器件——集成电路。

集成电路（英文简称 IC）是 20 世纪 60 年代初发展起来的一种新型半导体器件。集成电路体积小、密度大、功耗低、引线短、外接线少，大大提高了电子电路的可靠性与灵活性，减少组装和调整工作量，降低了成本。1959 年世界上第一块集成电路问世至今，只不过才经历了 50 多年时间，但它已深入工农业、日常生活及科技领域的相当多产品中。例如在导弹、卫星、战车、舰船、飞机等军事装备中；在数控机床、仪器仪表等工业设备中；在通信技术和计算机中；在音响、电视机、录像机、洗衣机、电冰箱、空调等家用电器中都采用了集成电路。集成电路的发展，对各行各业的技术改造与产品更新起到了促进作用。

集成芯片的封装与识别

从总体上看，集成电路相当于一种电压控制的电压源元件，即它能在外部输入信号控制下输出恒定的电压。实际上集成电路又不是一个元件，而是具有一个完整电路的全部功能。目前集成电路正向材料、元件、电路、系统四合一上过渡。熟练掌握集成运放电路的分析方法，是今后实际工作中灵活应用运算放大器的重要基础。集成电路按外型封装形式分为单列直插式、圆壳式、双列直插式、扁平式等，如图 3.2 所示。目前国内应用最多的是双列直插式。

(a) 单列直插式　　(b) 圆壳式　　　(c) 双列直插式　　　(d) 扁平式

图 3.2　集成电路的产品类型

利用特殊半导体技术，在一块 P 型硅基片上制作出许多二极管、三极管、电阻、电容和连接导线的电路称为集成工艺。基片上包含的元器件数称为集成度。按照集成度的不同，集成运放有小规模、中规模、大规模和超大规模之分。小规模集成电路一般含有十几到几十个元器件，它是单元电路的集成。芯片面积为几平方毫米；中规模运放含有一百到几百个元器件，是一个电路系统中分系统的集成，芯片面积约十平方毫米；大规模和超大规模集成运放中含有数以千计或更多的元器件，它是把一个电路系统整个集成在基片上。集成电路的型号类型很多，内部电路也各有差异，但它们的基本组成是相同的，主要由输入级、中间放大级、输出级和偏置电路四部分构成，如图 3.3 所示。

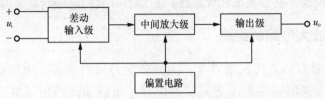

图 3.3　集成运放的基本组成框图

集成运放的输入级通常由三极管恒流源双端输入差动放大电路构成，主要作用是有效地抑制零点漂移，提高整个集成电路的共模抑制比，以获得较好的输入特性和输出特性。

中间放大级的作用是实现电压放大，一般采用多级直接耦合的共射放大电路。

输出级的作用是给负载提供足够的功率，大多由射极输出器或者是互补对称的功率放大器组成，以降低输出电阻，提高电路的负载能力，输出级通常都装有过载保护。

偏置电路的主要作用是向各级放大电路提供偏置电流，以保证各级放大电路具有合适的静态工作点。

除上述几部分外，集成运放一般还装有外接调零电路和相位补偿电路。

集成运算放大电路
的组成

3.2　差动放大电路

集成运放的输入级采用差动放大电路。输入级又称为前置级，是决定运放性能好坏的关键。

3.2.1　直接耦合放大电路需要解决的问题

阻容耦合的多级放大电路无法传递变化缓慢的信号和直流信号，为此，集成运算放大器电路通常采用直接耦合方式。但是，直接耦合的放大电路存在一些问题。

1．各级静态工作点相互影响，互相牵制

直接耦合的多级放大电路前后级之间存在直流通道，当某一级静态工作点发生变化时，会对后级产生影响，因此需要合理地安排各级的直流电平，使它们之间能够正确配合。

差动放大电路
的原理

2．存在零点漂移现象

实验研究发现，直接耦合的多级放大电路，当输入信号为零时，温度的变化、电源电压的波动以及元器件老化等原因，使放大电路的工作点发生变化，这个不为零的、无规则的、持续缓慢的变化量会被直接耦合的放大电路逐级加以放大并传送到输出端，使输出电压偏离原来的起始点上下漂动，这种现象称为零点漂移，简称零漂或温漂。

这种缓慢变化的漂移电压如果在阻容耦合放大电路中，通常不会传递到下一级电路进一步放大。但在直接耦合的多级放大电路中，由于前后级直接相连，其静态工作点相互影响，当温度、电源电压、晶体管内部的杂散参数等变化时，虽然输入为零，但第一级的零漂经第二级放大，第二级再传给第三级放大……依次传递的结果使外界参数的微小变化在输出级产生很大的变化，且放大电路级数越多，放大倍数越大，零点漂移现象就越严重。零点漂移现象如果不能有效抑制，严重时甚至会把有用信号淹没。

为了抑制零漂现象，必须采取相应措施，其中最有效的措施就是采用差动放大电路。

3.2.2　差动放大电路的组成

差动放大电路的输入信号

集成运算放大器对输入级的要求是：为减轻信号源的负担，电路的输入电阻要高；为抑制零漂和不失真传输信号，电路的差模电压放大倍数要大，共模抑制能力大；静态电流要小。差动放大电路正是具有这些优点的单元电路。

1．差动放大电路的组成

差动放大电路也称为差分放大电路，是集成运算放大器中常用的一种单元电路。基本差动放大电路如图 3.4 所示。

由图 3.4 可知，差动放大电路是一种具有两个输入端且电路结构对称的放大电路，其基本特点如下。

（1）电路中的两个三极管 VT_1 和 VT_2 特性参数完全相同，对称位置上的电阻元件参数也相同。

（2）电路采用正、负两个电源供电。VT_1 和 VT_2 的发射极经同一反馈电阻 R_e 接至负电源$-V_{EE}$，即电路是由两个完全对称的共射放大电路组合而成的。

2．差模信号

差动放大电路中两个晶体管的基极信号电压 u_{i1}、u_{i2} 大小相等、相位相反，这种大小相等、极性相反的一对信号称为差模信号，用 u_{id} 表示，u_{id} 在数值上等于两个输入信号的差值：

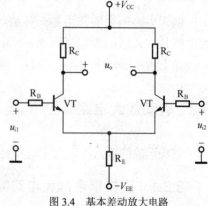

图 3.4　基本差动放大电路

$$u_{id}=u_{i1}-u_{i2}$$

显然，两个输入信号的差值实际上就是加在多级放大电路输入级的信号电压，信号电压只要不为零就可以得到传输和放大。由于差动放大电路放大的是两个输入信号的差值，所以又称之为差分放大电路。差动放大电路的输入信号电压称为差模信号，差模信号是放大电路中需要传输和放大的有用信号。

3．共模信号

由温度变化、电源电压波动等引起的零点漂移折合到放大电路输入端的漂移电压，相当于在差模放大电路的两个输入端同时加了大小和极性完全相同的输入信号，我们把这种大小和极性完全相同的信号称为"共模信号"。外界电磁干扰对放大电路的影响也相当于在输入端加了"共模信号"。

可见，共模信号对放大电路是一种有害的干扰信号，因此，放大电路对共模信号不仅不应放大，反而应当具有较强的抑制能力。差动放大电路正是利用了自身电路的对称性，可以有效地抑制有害的"共模信号"。

3.2.3　差动放大电路的工作原理

以图 3.4 的差动放大电路为例分析其工作原理。图示电路采用双电源供电，输入信号形式 u_{i1} 和 u_{i2} 从两个三极管的基极加入，称为双端输入模式，输出信号从两个单边共射放大电路的集电极取出，称为双端输出模式，R_E 为差动放大电路的公共发射极电阻，用来抑制零点漂移并决定晶体管的静态工作电流，R_C 为集电极负载电阻。

差动放大电路的原理

1．静态分析

静态时，$u_{i1}=u_{i2}=0$，其直流通道如图 3.5 所示。由于电路对称，即 $I_{B1}=I_{B2}$，$I_{C1}=I_{C2}$，$I_{E1}=I_{E2}=I_E/2$，$U_{CE1}=U_{CE2}$，所以 $U_O=U_{CE1}-U_{CE2}=0$。即当温度变化时，因两管电流变化规律相同，两管集电极电压漂移量也完全相同，所以双端输出电压始终为 0。也就是说，电路的完全对称性使两管的零点漂移在输出端相互抵消，因此，零点漂移得到了有效地抑制。

由于两个单边电路完全对称，所以静态工作点只按单边求解即可。

由图 3.5 可得：

集电极电流：

$$I_C \approx I_E = \frac{V_{EE}-U_{BE}}{\dfrac{R_B}{1+\beta}+2R_E}$$

图 3.5　差放电路的直流通道

基极电流：

$$I_B \approx \frac{I_C}{\beta}$$

集射极之间电压：

$$U_{CE} \approx (V_{CC}+V_{EE})-I_C(R_C+2R_E)$$

2．动态分析

首先画出如图 3.6（a）所示的差动放大电路的交流通道和如图 3.6（b）所示的差动放大电路的微变等效电路。

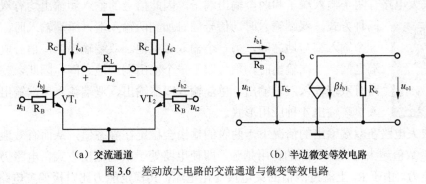

（a）交流通道　　　　　　　　　　　（b）半边微变等效电路

图 3.6　差动放大电路的交流通道与微变等效电路

因为电路对称，所以其微变等效电路只画半边就行了。由图 3.6（b）可得出半边差动放大电路的动态指标：

$$\dot{A}_{u1} = \frac{\dot{U}_{O1}}{\dot{U}_{i1}} = \frac{-\beta_1 \dot{I}_{B1} R_{C1}}{\dot{I}_{B1} r_{be1}} = -\beta_1 \frac{R_{C1}}{r_{be1}}$$

$$r_{i1} = r_{be1}$$

$$r_{o1} = R_{C1}$$

显然，整个差动放大电路的电压增益 $\dot{A}_u = \dot{A}_{u2} = \dot{A}_{u1} = -\beta_1 \dfrac{R_{C1}}{r_{be1}}$，与半边电路相同。

但是，整个差动放大电路的输入电阻和输出电阻均应为半边电路的 2 倍，即：

$$r_i = 2r_{i1} = 2r_{be1}, \quad r_o = 2r_{o1} = 2R_{C1}$$

显然，当差动放大电路输入差模信号时，有 $u_{i1}=-u_{i2}=u_{id}/2$，从电路看，u_{i1} 增大使得 i_{B1} 增大，i_{B1} 控制 i_{c1} 增大，使得 u_{o1} 减小，因电路对称，所以 u_{i1} 增大时 u_{i2} 减小，u_{i2} 减小又使得 i_{B2} 减小，i_{B2} 控制 i_{c2} 减小，使 u_{o2} 增大。由此可推出：$u_o=u_{o1}-u_{o2}=2u_{o1}$，因为每个变化量都不等于 0，所以有信号输出。

在差动放大电路的交流通道中，射极电阻 $R_E=0$ 的原因为：仅在差模信号 $u_{i1}=-u_{i2}$ 的作用下，两个三极管的发射极电流的交流增量大小相等，方向相反，其作用相互抵消（使得流过发射极 R_E 的电流仍保持为静态值不变，其压降也不变），对差模信号而言，R_E 上交流电压分量为 0，相当于交流短路。

公共发射极电阻 R_E 是保证静态工作点稳定的关键元件。当温度 T 升高时→两个管子的发射极电流 I_{E1} 和 I_{E2}、集电极电流 I_{C1} 和 I_{C2} 均增大→由于两管基极电位 V_{B1} 和 V_{B2} 均保持不变→两管的发射极电位 V_E 升高→引起两管的发射结电压 U_{BE1} 和 U_{BE2} 降低→两管的基极电流 I_{B1} 和 I_{B2} 随之减小→I_{C2} 下降。显然上述过程类似于分压式射极偏置电路的温度稳定过程，即 R_E 的存在使集电极电流 I_C 得到了稳定。

若在输入端加共模信号，即 $u_{i1}=u_{i2}$，由于电路的对称性和射极电阻 R_E 的存在，在理想情况下，$u_o=0$，无输出。这就是"差动"的意思；即只有两个输入端之间有差别，输出端才有变动，差动放大电路由此而得名。

3.2.4　差动放大电路的类型

差动放大电路的
输入、输出方式

差动放大电路有两个输入端子和两个输出端子，因此信号的输入和输出均有双端和单端两种方式。双端输入时，信号同时加到两输入端；单端输入时，信号加到一个输入端与地之间，另一个输入端接地。双端输出时，信号取于两输出端之间；单端输出时，信号取于一个输出端到地之间。因此，差动放大电路有双端输入双端输出、单端输入双端输出、双端输入单端输出、单端输入单端输出 4 种应用形式。

差动放大电路在双端输出的情况下，两管的输出会稳定在静态值，从而有效地抑制了零点漂移。R_E 数值越大，抑制零漂的作用越强。即使电路处于单端输出方式，电路仍有较强的抑制零漂能力。由于 R_E 上流过两倍的集电极变化电流，其稳定能力比射极偏置电路更强。此外，采用双电源供电，可以使 $V_{B1}=V_{B2}\approx0$，从而使电路既能适应正极性输入信号，也能适应负极性输入信号，扩大了应用范围。差动放大电路的差模电压增益仅决定于电路的输出形式，抑制共模信号的作用也仅取决于输出形式对电路的影响。

3.2.5　恒流源式差动放大电路

基本差动放大电路中的射极电阻 R_e 的阻值越大，电路抑制零漂的效果越好。但是，如果射极电阻 R_e 的阻值选取较大，在同样的工作电流条件下需要的负电源 $-V_{EE}$ 的数值也越大。为使射极电阻增大的同时不提高 $-V_{EE}$ 的数值，可采用恒流源代替 R_e，因为恒流源内阻很高，可以得到较好的抑制零漂效果，同时利用恒流源的恒流特性，还可以给三极管提供更稳定的静态偏置电流。

恒流源式差动放大电路如图 3.7 所示。电路中的 VT_3 作为恒流源，采用 R_{b1}、R_{b2} 和 R_e 构成分压式偏置电路。恒流管 VT_3 的基极电位由 R_{b1}、R_{b2} 分压后得到，基本上不受温度变化的影响。当温度变化时，VT_3 的发射极电位和发射极电流基本保持稳定，而两个放大管的集电极电流 i_{c1} 和 i_{c2} 之和近似等于 i_{c3}，所以 i_{c1} 和 i_{c2} 不会因温度的变化而同时增大和减小。可见，接入恒流三极管后，更加有效地抑制了共模信号。

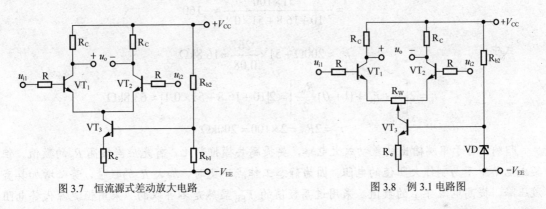

图 3.7　恒流源式差动放大电路　　　　　图 3.8　例 3.1 电路图

【例 3.1】　已知图 3.8 所示电路中，$+V_{CC}=12V$，$-V_{EE}=-12V$，3 个三极管的电流放大倍数 β 均为 50，$R_e=33k\Omega$，$R_C=100k\Omega$，$R=10k\Omega$，$R_W=200\Omega$，稳压管的 $U_Z=6V$，$R_1=3k\Omega$。试估算：①该放大电路的静态工作点 Q；②差模电压放大倍数；③差模输入电阻和差模输出电阻。

【解】　①

$$I_{CQ3} \approx I_{EQ3} = \frac{U_Z - U_{BE3}}{R_e} = \frac{6-0.7}{33} \approx 0.16mA$$

$$I_{CQ1} = I_{CQ2} = I_{CQ3}/2 \approx 0.08mA$$

$$V_{CQ1} = V_{CQ2} = U_{CC} - I_{CQ}R_C = 12 - 0.08 \times 100 = 4V$$

$$I_{BQ1} = I_{BQ2} \approx I_{CQ1}/\beta = 0.08/50 = 1.6 \times 10^{-3} mA$$

$$V_{BQ1} = V_{BQ2} = -I_{BQ1}R = -1.6 \times 10^{-3} \times 10 = -16 \times 10^{-3} mV$$

$$U_{CEQ} = V_{CQ1} - V_{BQ1} + U_{BE1} = 4 - (-0.016) + 0.7 = 4.716V$$

②　由于恒流源上的电流恒定，当差模信号输入时，对称的两个三极管就会一个射极电流增大，另一个射极电流减小，且增大和减小的数值相同，所以 R_W 上的中点交流电位为 0，其

交流通路和微变等效电路如图 3.9 所示。

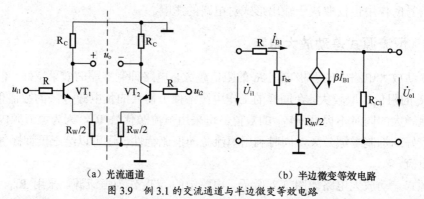

（a）光流通道　　　　　　　　　　（b）半边微变等效电路

图 3.9　例 3.1 的交流通道与半边微变等效电路

由半边微变等效电路可得差模电压放大倍数：

$$A_u = \frac{-(1+\beta)R_C}{R + r_{be} + (1+\beta)R_W/2}$$

$$= -\frac{51 \times 100}{10 + 16.8 + 51 \times 0.1} \approx -160$$

式中：

$$r_{be} \approx 200\Omega + 51 \times \frac{26}{0.08} \approx 16.8\text{k}\Omega$$

$$r_i = 2\left[R + r_{be} + (1+\beta)\frac{R_W}{2}\right] = 2[10 + 16.8 + 51 \times 0.1] \approx 63.8\text{k}\Omega$$

$$r_o = 2R_C = 2 \times 100 = 200\text{k}\Omega$$

归纳：对于单端输出的差动放大电路，要提高共模抑制比，首先应当提高 R_e 的数值。但集成电路中不易制作大阻值的电阻，因为静态工作点不变时，加大 R_e 的数值，势必增加其直流压降，提高电源 V_{EE} 的数值，采用过高数值的 V_{EE} 显然是不可取的。采用恒流源代替电阻 R_e，不但可以大大提高电路的共模抑制比，还可减小其直流压降，进一步提高电路的稳定性；而且作为有源负载，能够明显提高电路的电压增益。恒流源不仅在差动放大电路中使用，而且在模拟集成电路中常用作偏置电路和有源负载。

思考与练习

1. 什么是零漂现象？零漂是如何产生的？采用什么方法可以抑制零漂？
2. 何谓差模信号？何谓共模信号？
3. 差动放大电路有哪几种类型？
4. 恒流源在差动放大电路中起什么作用？

3.3　复合管放大电路

集成运算放大电路的中间放大级是整个集成运放的主放大器，其性能的好坏，直接影响集成运放的放大倍数，在集成运放中，通常采用复合管的共发射极电路作为中间级电路。

把两个三极管按一定方式组合起来可构成复合管。组成复合管的原则是使复合起来的三极管都处于放大状态，即满足发射结正偏、集电结反偏，各电极的电流能合理地流动。由复合管构成的分压式偏置的共射放大电路如图 3.10 所示。

由于集成电路通常要求中间级的基级电流大，实际上相当于前级提供给中间级的输出大，单管放大电路实现这种要求很困难。为此，集成运放中通常采用复合管的共发射极电路作为中间级电路，以解决这个难题。

采用复合管的主要目的是进一步提高电路的电压增益，因为复合管的 $\beta=\beta_1\beta_2$。

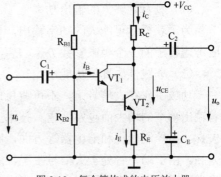

图 3.10　复合管构成的电压放大器

思考与练习

放大电路为什么采用复合管？构成复合管的原则是什么？

3.4　功率放大电路

在实际集成电路应用中，当负载为扬声器、记录仪表、继电器或伺服电动机等设备时，要求运放的输出级能为负载提供足够大的交流功率，以能够驱动负载。因此，集成运算放大电路的输出级常采用互补对称的功率放大电路，目的是进一步降低输出电阻，提高电路的带负载能力。

功率放大电路简称"功放"。功放电路中的晶体管称为功率放大管，简称"功放管"。功放电路广泛用于各种电子设备、音响设备、通信及自动控制系统中。

3.4.1　功率放大器的特点及主要技术要求

1．功率放大器的特点

功放电路和前面介绍的基本放大电路都是能量转换电路，从能量控制的观点来看，功率放大器和电压放大器并没有本质上的区别。但是，从完成任务的角度和对电路的要求来看，它们之间有着很大的差别。低频电压放大器工作在小信号状态，动态工作点摆动范围小，非线性失真小，因此可用微变等效电路法分析、计算电压放大倍数、输入电阻和输出电阻等性能指标，一般不考虑输出功率。而功率放大电路是在大信号情况下工作，具有动态工作范围大的特点，通常只能采用图解法进行分析，而分析的主要性能指标是输出功率和效率。

2．功率放大器的主要技术要求

功率放大器主要考虑获得最大的交流输出功率，而功率是电压与电流的乘积，因此功放电路不但要有足够大的输出电压，还应有足够大的输出电流。

对功放电路具有以下几点要求。

（1）效率尽可能高

功放是以输出功率为主要任务的放大电路。由于输出功率较大，造成直流电源消耗的功率也大，效率的问题突显。在允许的失真范围内，我们期望功放管除了能够满足要求的输出功率外，还应尽量减小其损耗，首先应考虑尽量提高管子的效率。

（2）具有足够大的输出功率

为了获得尽可能大的功率输出，要求功放管工作在接近"极限运用"的状态。选管子时应考虑管子的 3 个极限参数 I_{CM}、P_{CM} 和 $U_{(BR)CEO}$。

（3）非线性失真尽可能小

功放工作在大信号下，不可避免地会产生非线性失真，而且同一功放管的失真情况会随着输出功率的增大而越发严重。技术上常常要求电声设备的非线性失真尽量小，最好不发生失真。而控制电机和继电器等方面，则要求以输出较大功率为主，对非线性失真的要求不是太高。由于功率管处于大信号工况，所以输出电压、电流的非线性失真不可避免。但应考虑将失真限制在允许范围内，即失真也要尽可能地小。

另外，由于功率管工作在"极限运用"状态，有相当大的功率消耗在功放管的集电结上，从而造成功放管结温和管壳的温度升高。所以管子的散热问题及过载保护问题也应充分重视，并采取适当措施，使功放管能有效地散热。

3.4.2　功率放大电路中的交越失真

图 3.11 为一个互补对称电路。其中功放管 VT_1 和 VT_2 分别为 NPN 型管和 PNP 型管，两管的基极和发射极相互连接在一起，信号从基极输入，从射极输出，R_L 为负载。

观察电路，可看出此电路没有基极偏置，即 $V_{B1}=V_{B2}=0$。因此在 $u_i=0$ 时，VT_1、VT_2 两个管子均处于截止状态。在 u_i 正半周，VT_2 发射结反偏截止，VT_1 发射结正偏导通，承担放大任务，电流自上而下通过负载 R_L；而在 u_i 负半周，VT_1 发射结反偏截止，VT_2 发射结正偏导通，承担放大任务，电流自下而上通过负载 R_L。

实际上，晶体管都存在正向死区。因此，在输入信号 u_i 正、负半周的交替过程中，两晶体管死区范围内部分是得不到传输和放大的，由此造成输出信号的波形不跟随输入信号的波形变化，在波形的正、负交界处出现了图 3.12 所示的失真，把这种出现在过零处的失真现象称为交越失真。

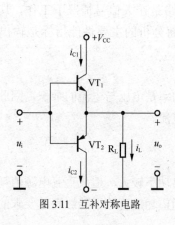

图 3.11　互补对称电路

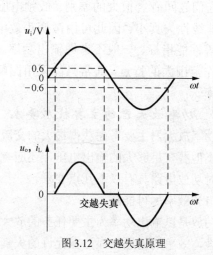

图 3.12　交越失真原理

3.4.3 功率放大器的分类

功率放大器按工作状态一般可分为以下几类。

功率放大电路的分类

1. 甲类放大器

甲类功放的工作方式具有最佳的线性，甲类功放电路中的晶体管能够放大信号全波，完全不存在交越失真。即使甲类功放电路不使用负反馈，其开环路失真度仍十分低，因此被称为是声音最理想的放大线路设计。

甲类功放由多组配对（N 结及 P 结）的三极管组成。当没有外加电压时，多组配对的三极管处截止状态。只有加一个高于三极管门限电压的偏置电压时，三极管的 N 结（或 P 结）才会导通有电流通过，三极管才开始工作。甲类功放是把正向偏置定在最大输出功率的一半处，使功放在没有信号输入时也处于满负载工作状态，功放在整个信号周期内都导通且有电流输出。因此甲类功放使三极管始终工作于线性区而几乎无失真，听觉上质感特别好，音质平滑、音色圆润温暖、高音透明开扬，尤其是小信号时，整个声音饱满通透、细节丰富。

但这种设计有利有弊，甲类功放最大的缺点是效率低，因为无信号传输时，甲类功放仍有满电流流入，这时的电能全部转为高热量。当有信号传输和放大时，有些功率可进入负载，但仍有许多电能转变为热量。特别是百分之百的甲类功放，假设这种甲类功放的一对音箱标称阻抗是 8Ω，但在工作时它的实际阻抗会随频率而变化，时高时低，有时会低至 1Ω，这就要求功放的输出功率能随阻抗降低而倍增。即无论音箱阻抗怎样随频率变化，功放都能保持甲类工作而且输出功率足够。因此，甲类功放的电耗非常严重，不夸张地说，它就相当于一部空调，为此需要甲类功放的供电器保证提供充足的电流。一部 25W 的甲类功放的供电器，其能力至少够 100W 的甲乙类功放使用。所以甲类功放机的体积和重量都比乙类大得多，这些都使得甲类功放的制造成本增加。

纯甲类功放常工作于 60℃～85℃的高温环境下，因此对元器件及工艺水平的要求非常苛刻，联机调校繁琐而费时，一些高档的甲类功放其末级每声道一般有 2～12 对晶体管，这些功放管都是在数百上千对优质正品大功率晶体管中选择出的，这也是甲类功放售价昂贵的原因之一。

由此得出甲类功放的特点是：高保真、效率低（最大只能为 50%）、功率损耗大。由于甲类功放传输和放大的音频信号非常保真，但却因选材昂贵功耗较大，只用于家庭的高档机或者对音效要求较高的专业音效场合。

2. 乙类放大器

图 3.11 所示的电路是典型的乙类功放电路。观察电路，输入电压 u_i 总是同时加在两个三极管 VT_1 和 VT_2 的基极，两管的发射极连在一起与负载 R_L 相接。两个三极管分别为 NPN 型和 PNP 型，其性能完全一致且互补对称，配对使用的这两只晶体管在交流信号输入时交替工作，每只晶体管在信号的半个周期内导通，另半个周期内截止。

图 3.11 所示的乙类功放采用双电源供电方式。无信号输入时，两只晶体管不导电均处于截止状态，此时不消耗功率。当有交流信号输入时，每只晶体管只放大输入信号的半波，即一个正半波导通，另一只截止，负半周另一只导通，正半波导通的管子截止，彼此轮流工作共同完成一个输入信号的全波传输和放大。但由于晶体管本身在传输过程中存在

死区，而死区内的信号部分是得不到传输和放大的，因此在传输过程中会在过零处出现交越失真。

乙类功放的主要优点是效率高，在理想情况下，乙类功放的效率可高达 78.5%，平均效率可达到 75%或以上，产生的热量较甲类功放低得多，容许使用较小的散热器。但是乙类功放具有交越失真严重的缺点，特别是在输入信号非常低时，交越失真越发严重，可使音频信号变得粗糙和难听，这也是纯乙类功放使用较少的主要原因。

归纳乙类功放的特点：效率较高，约为 78%，但存在交越失真。

3．甲乙类放大器

甲类功放的音质好、高保真和乙类功放的高效率都是功放电路所需要和追求的目标，人们在乙类功放的基础上进行了改造。改造的目的就是消除乙类功放存在的交越失真问题。在乙类功放的基础上改造的功放电路称为甲乙类功率放大器。甲乙类功放电路被广泛应用于家庭、专业领域、汽车音响系统中。典型的甲乙类互补对称功放电路有 OCL 和 OTL 两种。

（1）OCL 电路

甲乙类互补对称功放电路按电源供给的不同，分为双电源互补对称功率放大器和单电源互补对称功率放大器两类。

图 3.13 为双电源互补对称、无输出电容的功率放大器原理图，电路中的 VT_1 和 VT_2 是两个导电类型互补且性能参数完全相同的功放管，接成射极输出电路以增强带负载能力。电子技术中把这种功放电路简称为 OCL 电路。

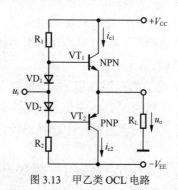

图 3.13 甲乙类 OCL 电路

为减小交越失真改善输出波形，OCL 电路中的晶体管设置在静态时有一个较小的基极电流，以避免两个晶体管同时截止，从而克服功率放大管的死区电压。为此，在两个晶体管的基极之间接入两个二极管 VD_1 和 VD_2，使得在 $u_i=0$ 时，在两个晶体管的基极之间产生一个微小的偏压 U_{b1b2}（二极管的管压降）。

① 静态分析。静态时，从 $+V_{CC}$ 经 R_1、VD_1、VD_2、R_2 至 $-V_{CC}$ 有一个直流电流，在 VT_1 和 VT_2 两基极之间产生的电压为 $U_{b1b2}=U_{VD1}+U_{VD2}$，通常设置合适的偏置电阻 R_1、R_2 和二极管，使 VT_1 和 VT_2 两管均处于微导通状态，两管的基极相应产生较小的 I_{B1} 和 I_{B2}，它们的集电极相应各有一个较小的集电极电流 I_{C1} 和 I_{C2}，由于两管性能相同，所以它们的射极电流大小相等，方向相反，负载电流 $I_L=I_{E1}-I_{E2}=0$，故 $U_{CE1}=-U_{CE2}=+V_{CC}$，$U_{CE2}=-U_{CE1}=-V_{CC}$，$V_E=0$，输出电压 $u_o=0$。

图 3.14 为消除交越失真的输入特性图解分析。由图 3.14 可见，在 u_i 的一个周期中，VT_1 和 VT_2 的导通时间都大于 u_i 的半个周期，所以两管工作于接近乙类的甲乙类工作状态。为简单起见，在分析估算的过程中仍可把 OCL 看成乙类功放电路，所引起的误差在工程上是允许的。

② 动态分析。设外加输入信号为单一频率的正弦波信号。

A．在输入信号的正半周，由于 $u_i>0$，因此三极管 VT_1 导通、VT_2 管截止，VT_1 管的电流 i_{c1} 经电源 $+V_{CC}$ 自上而下流过负载电阻 R_L，在负载上形成正半周输出电压，即 $u_o>0$。

B．在输入信号的负半周，由于 $u_i<0$，因此三极管 VT_2 导通、VT_1 管截止，VT_2 管的电流 i_{c2} 经电源 $-V_{CC}$ 自下而上流过负载电阻 R_L，在负载上形成负半周输出电压，即 $u_o<0$。

可见，甲乙类 OCL 功率放大器中的两个晶体管轮流导电的交替过程比较平滑，最终得到的负载电流波形非常接近于理想的正弦波，基本上消除了交越失真。其电路波形图如图 3.15 所示。

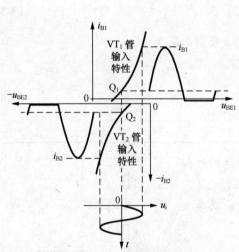

图 3.14 OCL 功放的输入特性图解

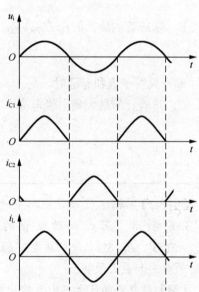

图 3.15 甲乙类 OCL 电路波形图

功放电路中的管子是在大信号下工作，只能采用图解法分析。为了便于观察两个功放管的电压、电流波形，把一只晶体管的特性曲线倒置于另一只晶体管特性曲线的下方，且令两者在 $U_{CEQ}=V_{CC}$ 处对准，负载线为通过 Q 点（$U_{CEQ}=V_{CC}$、$I_C=0$）、斜率为 $-1/R_L$ 的直线，如图 3.16 所示。

在输入 u_i 的一个周期内，可在 R_L 上得到 u_o 的一个完整正弦波输出。负载上的交流输出功率可根据电阻元件 R 的功率计算式 $P=U^2/R$ 求得，即：

$$P_o = \frac{U_O}{I_O} \frac{(U_{CEm}/\sqrt{2})^2}{R_L} = \frac{U_{CEm}^2}{2R_L}$$

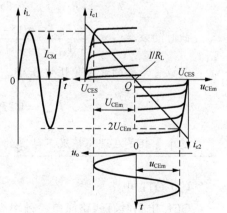

图 3.16 OCL 功放的合成负载特性

若输入正弦波信号足够大，U_{CEm} 可达到最大值 $V_{CC}-U_{CES}$。若管子的饱和压降 U_{CES} 也能忽略，则 R_L 上最大输出电压幅度 $U_{CEm}\approx V_{CC}$。在此理想条件下，最大输出功率：

$$P_{om}=\frac{1}{2}\cdot\frac{(V_{CC}-U_{CES})}{R_L}\approx\frac{V_{CC}^2}{2R_L} \qquad (3\text{-}1)$$

OCL 电路由 $\pm V_{CC}$ 两组电源轮流供电，具有很好的对称性，所以直流电源总功率是一组电源功率的 2 倍。在 $U_{CEm}\approx V_{CC}$ 的理想条件下，电路中的最大效率 $\eta=\frac{\pi}{4}\frac{U_{CEm}}{V_{CC}}\approx 78.5\%$。电路的最大管耗约为 $0.4P_{om}$，即单管的最大管耗为 $0.2P_{om}$。

③ 功放管的选择。

功放管的极限参数有 P_{CM}、I_{CM} 和 $U_{(BR)CEO}$，选择功放管时应满足下列条件。

A. 功放管单管集电极的最大允许功耗。

$$P_{CM}\geqslant P_{Cm1}\approx 0.2P_{om} \qquad (3\text{-}2)$$

B. 功放管的最大耐压 $U_{(BR)CEO}$。

$$U_{(BR)CEO}\geqslant 2V_{CC} \qquad (3\text{-}3)$$

即一只管子饱和导通时，另一只管子承受的最大反向电压为 $2V_{CC}$。

C. 功放管的最大集电极电流。

$$I_{CM}\geqslant\frac{V_{CC}}{R_L} \qquad (3\text{-}4)$$

【例 3.2】 图 3.17 所示电路中的功放管输出特性曲线如图 3.16 所示。若已知功放管的饱和压降 $U_{CES}=2V$，$\pm V_{CC}=\pm 15V$，$R_L=8\Omega$，试求该电路的最大不失真输出功率及此时的效率和最大管耗。

【解】该电路的最大不失真输出功率为

$$P_{om}=\frac{1}{2}\cdot\frac{(V_{CC}-U_{CES})^2}{R_L}=\frac{(15-2)^2}{2\times 8}\approx 10.6W$$

此时的效率：$\eta=\frac{\pi}{4}\frac{U_{OEm}}{V_{CC}}=\frac{\pi(15-2)}{4\times 15}\approx 68\%$

功放管单管的最大管耗为 $0.2P_{om}$，即

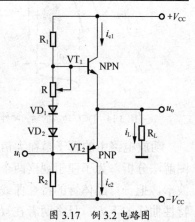

图 3.17 例 3.2 电路图

$$P_{T\,max}=0.2P_{om}\approx 0.2\frac{V_{CC}^2}{2R_L}=0.2\frac{15^2}{2\times 8}\approx 2.81W$$

这个管耗是在理想情况下估算的，实际应用中还应留有裕量。

（2）OTL 电路

OCL 电路具有线路简单、效率高等特点，但要采用双电源供电，这给使用和维修带来一定不便。为了克服这一缺点，人们研制出了采用单电源供电的互补对称的甲乙类 OTL 功

放电路。

图 3.18 所示的甲乙类互补对称功率放大器因无输出变压器而得名 OTL。电路中的 VT_1 和 VT_2 晶体管的发射极通过一个大电容 C 接到负载电阻 R_L 上，两个二极管 VD_1 和 VD_2 及电阻 R 用来消除交越失真，向 VT_2 和 VT_3 提供偏置电压，使其工作在甲乙类状态。

① 工作原理

A. 静态时，调整电路使功率管 VT_2 和 VT_3 的参数对称，使输出端发射极结点电位为电源电压的一半，即 $V_K=V_{CC}/2$，耦合电容 C_L 两端的电压 $U_{CL}=V_{CC}/2$，负载电阻 R_L 两端的电压 $u_o=0$。

B. 在电路输入端加上信号后，通过 VT_2、VT_3 的电流得到放大，K 点有交流电压信号输出，经过耦合电容 C_L，到达负载 R_L 成为输出电压 u_o。

在输入信号正半周时，VT_2 管导通，VT_3 管截止。VT_2 管以射极输出器的形式将正向信号传送给负载，同时对电容 C_L 充电。

在输入信号负半周时，VT_2 管截止，VT_3 管导通。电容 C_L 放电，充当 VT_3 管的直流工作电源，使 VT_3 管也以射极输出器形式将输入信号传送给负载。这样，负载上得到一个完整的信号波形。

② 集成 OTL 电路的应用

LM386 是一种音频集成功放，具有自身功率低、电压增益可调整、电源电压范围大、外接元件少和总谐波失真小等优点。

图 3.19 所示为 LM386 的典型应用电路。图 3.19 中 R_1 和 C_2 接于管脚 1 和 8 之间，用来调节电路的电压放大倍数；电路中的 C_3 为输出大电容。电路中 $200\mu F$ 的 C_4 是外接的耦合电容；R_2 和 C_5 组成容性负载，以抵消扬声器音圈电感的部分感性，防止信号突变时，音圈的反电动势击穿输出管。电路在小功率情况下，R_2 和 C_5 可以不接。C_3 与 LM386 内部电阻构成电源去耦滤波电路。

LM386 集成功率放大电路的结构

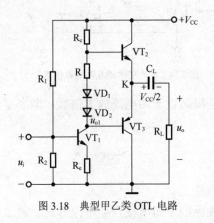

图 3.18　典型甲乙类 OTL 电路

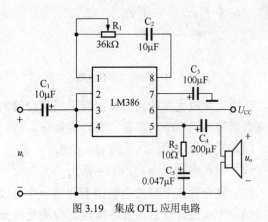

图 3.19　集成 OTL 应用电路

如果电路的输出功率不太大且电源的稳定性又好，则只需在输出端 5 脚外接一个耦合电容和在管脚 1 和管脚 8 两端外接放大倍数调节电路就可以使用了。

静态时，输出电容上的电压为 $V_{CC}/2$，LM386 的最大不失真输出电压的峰—峰值约为电源电压。设负载电阻为 R_L，最大输出功率表达式为

$$P_{om} = \frac{V_{CC}^2}{8R_L} \qquad\qquad (3\text{-}5)$$

此时的输入电压有效值表达式为

$$U_{im} = \frac{\dfrac{V_{CC}}{2}\Big/\sqrt{2}}{A_u} \qquad\qquad (3\text{-}6)$$

当 V_{CC}=16V、R_L=32Ω 时，P_{om}≈1W，U_{im}≈283mV。

LM386 集成功放广泛应用于收音机、对讲机、方波和正弦波发生器等电子电路中。

3.4.4　采用复合管的互补对称功率放大电路

采用复合管的单电源
互补对称电路

　　当输出功率较大时，输出级的推动级应该是一个功率放大器。大功率管的 β 值一般都不大。为了得到较高 β 值的功放管，往往采用复合管结构。

　　典型的复合管互补对称功率放大器电路如图 3.20 所示。这种电路中的两个复合管分别由两个 NPN 管和两个 PNP 管构成，由于 VT_3 和 VT_4 类型不同，因此要得到较大功率通常难以实现。为此，最好选择 VT_3 和 VT_4 为同一型号晶体管，通过复合管的接法来实现互补，这样组成的电路称为准互补对称电路，如图 3.21 所示。

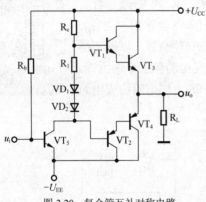

图 3.20　复合管互补对称电路

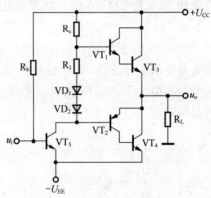

图 3.21　复合管的准互补对称电路

　　集成运算放大器的功放输出级采用复合管的目的是提高管子的电流放大倍数。两个复合管复合后等效为一个功放管，其特点如下。

　　（1）复合管电流放大倍数 $\beta = \beta_1\beta_2$。

　　（2）输入电阻 $r_{be} \approx r_{be1} + (1+\beta_1)r_{be2}$。

　　（3）复合管 3 个等效电极由前面的一个三极管 VT_1 决定。

　　（4）组成复合管的各管各极电流应满足电流一致性原则，即串接点处电流方向一致，并保证接点处总电流为两管输出电流之和。

　　（5）VT_1 和 VT_2 功率不同时，VT_2 为大功率管，使复合管成为大功率管。

　　由复合管组成的 OTL 实用电路如图 3.22 所示。这种电路实际上就是准互补对称功率放大器。

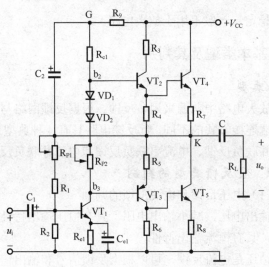

图 3.22　采用复合管的 OTL 实用电路

电路中各元器件的作用如下。

VT_1：激励级，其基极偏压取决于中点电位 $V_{CC}/2$。

R_{P1} 和 R_1 是 VT_1 管的偏置电阻，其作用是引入交直流电压并联负反馈。

R_{P2}、VD_1、VD_2 为功放复合管提供偏压，其作用是克服交越失真和提供温度补偿。

R_4、R_5 的作用是减小复合管穿透电流。

R_7、R_8 为负反馈电阻，起稳定静态工作点 Q 的作用，以减小电路失真。

思考与练习

1. 与一般电压放大器相比，功放电路在性能要求上有什么不同？

2. 甲类、乙类和甲乙类 3 种功放电路的特点是什么？

3. 何谓"交越失真"？哪种电路存在"交越失真"？如何克服"交越失真"？

4. OTL 互补输出级是如何工作的，与负载串联的大容量电容器有何作用？

3.5　放大电路的负反馈

　　反馈不仅是改善放大电路性能的重要手段，而且也是电子技术和自动控制原理中的基本概念。通过反馈技术可以改善放大电路的工作性能，以达到预定的指标。凡在精度、稳定性等方面要求比较高的放大电路中，大多存在着某种形式的反馈，或者说实际工程中使用的放大电路几乎都带有反馈，因此反馈问题是模拟电子技术中最重要的内容之一。

3.5.1　反馈的基本概念

　　所谓"反馈"，就是通过一定的电路形式，把放大电路输出信号的一部分或全部按一定的方式回送到放大电路的输入端，并对放大电路的输入信号产生影响。如果反馈信号对输入产生的影响是使输入信号的净输入量削弱，则反馈形式称为负反馈，利用负反馈可以提高基本放大电路的工作稳定性。

反馈放大电路的构成

　　如果放大电路输出信号的一部分或全部，通过反馈网络回送到输入端后，造成净输入信号增强，则这种反馈称为正反馈。正反馈通常可以提高放大电路的增益，但正反馈电路的性能不稳定,一般不用于放大电路。

3.5.2 负反馈的基本类型及其判别

1. 负反馈的基本类型

负反馈的类型

放大电路中普遍采用负反馈。根据反馈网络与基本放大电路在输出、输入端连接方式的不同,负反馈电路具有 4 种典型形式:电压串联负反馈、电压并联负反馈、电流串联负反馈和电流并联负反馈。

2. 负反馈类型的判别

(1)电压反馈和电流反馈的判别

电压负反馈能稳定输出电压,减小输出电阻,具有恒压输出特性。电流负反馈能稳定输出电流,增大输出电阻,具有恒流输出特性。

放大电路是电压反馈还是电流反馈,可以根据反馈信号和输出信号在电路输出端的连接方式及特点来判别。

① 若反馈信号取自于输出电压,为电压负反馈,若取自于输出电流,则为电流负反馈。

② 将输出信号交流短路,若短路后电路的反馈作用消失,则判断为电压负反馈;若短路后反馈作用仍然存在,则为电流负反馈。

利用瞬时极性法判断
正负反馈

(2)串联反馈和并联反馈的判别

判断负反馈类型是串联负反馈还是并联负反馈,主要根据反馈信号、原输入信号和净输入信号在电路输入端的连接方式和特点采用以下 3 种方法进行。

① 若反馈信号、输入信号、净输入信号三者在输入端以电压的形式相加减,可判断为串联负反馈;若反馈信号、输入信号和净输入信号三者在输入端是以电流的形式相加减,可判断为并联负反馈。

② 将输入信号交流短路后(输入回路与输出回路之间没有联系着的元件或网络),若反馈作用不再存在,可判断为并联负反馈,否则为串联反馈。

③ 如果反馈信号和输入信号加到放大元件的同一电极,则为并联反馈,否则为串联反馈。

图 3.23 为 4 个具有反馈的放大电路方框图,各属于何种反馈的分析方法如下。

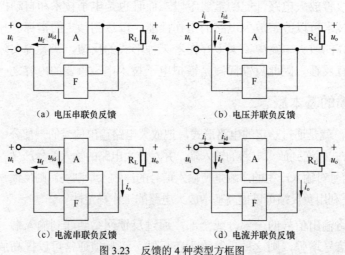

图 3.23 反馈的 4 种类型方框图

图 3.23（a）反馈网络与输出相并联，因此反馈量取自于输出电压，为电压反馈；反馈信号 u_f 与输入信号 u_i、净输入信号 u_{id} 三者在输入端以电压代数和形式出现，为串联反馈，即该电路反馈形式为电压串联负反馈。

图 3.23（b）反馈网络与输出相并联，因此反馈量取自于输出电压，为电压反馈；反馈信号 i_f 与输入信号 i_i、净输入信号 i_{id} 三者在输入端以电流代数和形式出现，为并联反馈，即该电路反馈形式为电压并联负反馈。

图 3.23（c）反馈网络与输出相串联，因此反馈量取自于输出电流，为电流反馈；反馈信号 u_f 与输入信号 u_i、净输入信号 u_{id} 三者在输入端以电压代数和形式出现，为串联反馈，即该电路反馈形式为电流串联负反馈。

图 3.23（d）反馈网络与输出相串联，因此反馈量取自于输出电流，为电流反馈；反馈信号 i_f 与输入信号 i_i、净输入信号 i_{id} 三者在输入端以电流代数和形式出现，为并联反馈，即该电路反馈形式为电流并联负反馈。

在具有负反馈的放大电路中，开环电压放大倍数

$$A = X_O / X_{id} \tag{3-7}$$

反馈网络的反馈系数

$$F = X_O / X_i \tag{3-8}$$

反馈量、输入量和净输入量三者之间的关系

$$X_{id} = X_i - X_f \tag{3-9}$$

闭环电压放大倍数

$$A_f = X_O / X_i \tag{3-10}$$

把式（3-7）～式（3-9）代入式（3-10），有

$$A_f = \frac{X_O}{X_i} = \frac{X_O}{X_{id} + X_f} = \frac{X_O / X_{id}}{1 + X_f / X_{id}} \tag{3-11}$$

$$= \frac{X_O / X_{id}}{1 + X_f / X_O \cdot X_O / X_{id}} = \frac{A}{1 + AF}$$

式（3-11）是负反馈放大电路的放大倍数一般表达式，它反映了闭环电压放大倍数与开环电压放大倍数及反馈系数之间的关系，在电子线路的分析中经常使用。式（3-11）中的 $1+AF$ 是开环电压放大倍数与闭环电压放大倍数之比，反映了反馈对放大电路影响的程度，称为反馈深度。

3. 反馈深度对放大电路的影响

（1）当 $1+AF>1$，则 $A_f<A$。说明引入负反馈后，放大倍数减小了。负反馈的引入虽然减小了放大器的放大倍数，但是它却可以改善放大器的其他很多性能，而这些改善一般采用其他措施是难以做到的，至于放大倍数的下降，可以通过增加放大电路的级数来弥补。

（2）若 $1+AF<1$，则 $A_f>A$。这种反馈的引入加强了输入信号，显然属于正反馈。

（3）若 $1+AF=0$，则 $A_f \to \infty$。这就是说，即使没有输入信号，放大电路也有信号输出，此时的放大电路处于"自激"状态。除振荡电路外，自激状态一般情况下应当避免或消除。

（4）若 $AF \gg 1$，则有

$$AF = \frac{A}{1 + AF} \approx \frac{1}{F} \tag{3-12}$$

式（3-12）说明，当 $AF \gg 1$ 时，放大器的闭环电压放大倍数仅由反馈系数决定，而与开环电压放大倍数 A 几乎无关，这种情况称为深度负反馈。因为反馈网络一般由 R、C 等无源元件组成，它们的性能十分稳定，所以反馈系数 F 也十分稳定。因此，深度负反馈时，放大器的闭环电压放大倍数比较稳定。

3.5.3 负反馈对放大电路性能的影响

放大电路引入负反馈后，可以稳定相应的输出变量，还可以改变输入、输出电阻，这些

负反馈对放大电路性能的影响

都是我们需要的。其实负反馈的效果不止这些，引入负反馈后还会使放大倍数稳定，展宽通频带，减小非线性失真，等等。当然，放大电路性能的改善也都是以降低放大倍数为代价的，下面分别进行讨论。

1．提高放大倍数的稳定性

放大器的放大倍数是由电路元件的参数决定的。元件老化、电源不稳、负载变动或环境温度变化都会引起放大器的放大倍数发生变化。为此，通常要在放大器中引入负反馈，用以提高放大倍数的稳定性。

负反馈之所以能够提高放大倍数的稳定性，是因为负反馈对相应的输出量有自动调节作用。以典型的电压串联负反馈电路射极输出器为例说明：当放大倍数由于某种原因增大时，反馈电压将随之增大，使净输入电压减小，从而抑制了输出电压的增大，即稳定了电路的放大倍数。通常负反馈的引入可使放大器的放大倍数稳定性提高 $1+AF$ 倍。

例如，某负反馈放大器的 $A=10^4$，反馈系数 $F=0.01$，可求出其闭环放大倍数

$$A_{\mathrm{f}} = \frac{A}{1+AF} = \frac{10^4}{1+10^4 \times 10^{-2}} \approx 100$$

即闭环电压放大倍数的稳定性比开环电压放大倍数的稳定性提高了约 100 倍，负反馈越深，稳定性越高。

2．展宽通频带

由于电路中电抗元件、寄生电容和晶体管结电容的存在，无反馈时，它们都会造成放大器放大倍数随频率而变，使中频段放大倍数较大，而高频段和低频段放大倍数较小，这些在频率特性中已经有所了解。加入负反馈后，利用负反馈的自动调整作用，可纠正放大倍数随频率而变的特性，使放大电路的通频带得到展宽。

具体过程分析如图 3.24 所示。中频段由于放大倍数大，输出信号大，因此反馈信号也大，使得净输入信号减少得较多，中频段放大倍数比无负反馈时下降较多；在高频段和低频段，由于放大倍数小，输出信号小，而反馈系数不随频率而变，因此反馈信号也小，使净输入信号减少的程度比中频段小，结果高频段和低频段放大倍数比无负反馈时下降较少。这样，从高、中、低三个频段总体考虑，放大倍数随频率的变化因负反馈的引入而减小了，幅度特性变得比较平坦，相当于通频带得以展宽。

3．减小非线性失真

放大电路由于存在非线性元件晶体管等，因而会引起非线性失真。一个无反馈的放大器，即使设置了合适的静态工作点，当信号超出小信号范围时，仍会使输出信号产生非线性的饱和失真和截止失真。引入负反馈后，这种失真可以减小或得到抑制。

图 3.25 为引入负反馈前后非线性失真情况的对比示意图。图 3.25（a）中的输入信号为标准正弦波，经放大电路 A 后的输出信号产生了正半周大、后半周小的非线性失真。引入负反馈后的情况如图 3.25（b）所示，失真的输出反馈到输入后与输入信号叠加，使净输入信号成为一个正半周小、负半周大的失真波，这样的净输入信号经放大器放大后，由于净输入信号的"前半周小、后半周大"和基本放大器的"前半周大、后半周小"二者相互补偿，因而使得输出波形前后两个半周幅度趋于一致，接近原输入的标准正弦波，即减小了非线性失真。

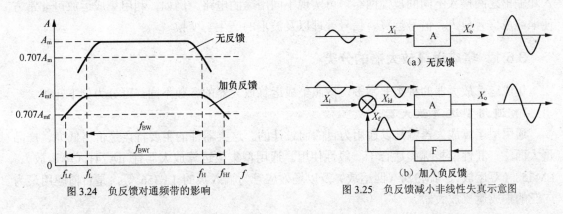

图 3.24　负反馈对通频带的影响　　　　图 3.25　负反馈减小非线性失真示意图

从本质上讲，放大器加入了负反馈后，是利用失真的波形来改善输出波形的失真，并不能理解为负反馈能使放大器本身的波形失真情况消除。

4．对输入、输出电阻的影响

（1）对输入电阻的影响

不同类型的负反馈对放大电路输入电阻的影响各不相同。引入串联负反馈后，放大器的输入电阻是未加负反馈时的 $1+AF$ 倍，如果引入的是深度负反馈，则 $1+AF>>1$，即 $r_{if}>>r_i$。因此，串联负反馈具有提高输入电阻的作用；引入并联负反馈后，放大器的输入电阻是未加负反馈时的 $1/(1+AF)$ 倍，如果引入的是深度负反馈，则 $1/(1+AF)<<1$，即 $r_{if}<<r_i$。所以并联负反馈使输入电阻减小。

（2）对输出电阻的影响

加入电压负反馈时，输出电阻是未加负反馈时的 $1/(1+AF)$ 倍，如果引入的是深度负反馈，则 $1/(1+AF)<<1$，即 $r_{of}<<r_o$。因此加入电压负反馈起到减小输出电阻的作用；加入电流负反馈时，放大器的输出电阻是未加负反馈时的 $1+AF$ 倍，如果引入的是深度负反馈，则 $1+AF>>1$，即 $r_{of}>>r_o$，即电流负反馈具有增大输出电阻的作用。

另外，电压负反馈不但能减小输出电阻，还能起到稳定输出电压的作用；电流负反馈可使输出电阻增大，但同时稳定了输出电流。实际放大电路究竟采用哪种反馈形式比较合适，必须根据不同用途引入不同类型的负反馈。

负反馈放大电路的应用

思考与练习

1. 什么叫反馈？正反馈和负反馈对电路的影响有何不同？

2. 放大电路一般采用哪种反馈形式？如何判断放大电路中的各种反馈类型？

3. 放大电路引入负反馈后，能给电路的工作性能带来什么改善？

4. 放大电路的输出信号本身就是一个已产生了失真的信号，引入负反馈后能否使失真消除？

3.6 集成运算放大器及其理想电路模型

目前广泛应用的电压型集成运放是一种高放大倍数的直接耦合放大器，在集成电路的输入和输出之间接入不同的反馈网络，可实现不同用途的电路。例如，利用集成运放可非常方便地完成信号放大、信号运算、信号处理以及波形的产生与变换。

3.6.1 集成运算放大器的分类

集成运算放大器的种类非常多，按照集成运算放大器的参数不同，可分为如下几类。

1．通用型运算放大器

通用型运算放大器就是以通用为目的而设计的。这类器件的主要特点是价格低廉、产品量大面广，其性能指标能适合于一般性使用。通用型集成运算放大器有 μA741（单运放）、LM358（双运放）、LM324（四运放）及以场效应管为输入级的 LF356 等，是目前应用最为广泛的集成运算放大器。

2．高阻型运算放大器

这类集成运算放大器的特点是差模输入阻抗非常高，输入偏置电流非常小，一般 $r_{id}>$（$10^9 \sim 10^{12}$）Ω，I_{IB} 为几皮安到几十皮安。实现这些指标的主要措施是利用场效应管高输入阻抗的特点，用场效应管组成运算放大器的差分输入级。用 FET 作输入级，不仅输入阻抗高，输入偏置电流低，而且具有高速、宽带和低噪声等优点，但输入失调电压较大。常见的集成器件有 LF356、LF355、LF347（四运放）及更高输入阻抗的 CA3130、CA3140 等。

3．低温漂型运算放大器

在精密仪器、弱信号检测等自动控制仪表中，总是希望运算放大器的失调电压尽量小且不随温度的变化而变化。低温漂型运算放大器就是为此而设计的。目前常用的高精度、低温漂运算放大器有 OP-07、OP-27、AD508 及由 MOS 场效应管组成的斩波稳零型低漂移器件 ICL7650 等。

4．高速型运算放大器

在快速 A/D 和 D/A 转换器、视频放大器中，要求集成运算放大器的转换速率 S_R 足够高，单位增益带宽 BW_G 要足够大，显然通用型集成运放不适合于高速应用的场合。高速型运算放大器的主要特点是具有较高的转换速率和较宽的频率响应。常见的高速型集成运放有 LM318、μA715 等，其 $S_R=50 \sim 70V/\mu s$，$BW_G>20MHz$。

5．低功耗型运算放大器

电子电路集成化的最大优点就是能使复杂电路小型轻便。随着便携式仪器应用范围的扩大，集成电路必须使用低电源电压供电、低功率消耗的运算放大器。常用的低功耗型运算放大器有 TL-022C、TL-060C 等，其工作电压为±2～±18V，消耗电流为 50～250μA。目前有的产品功耗已达微瓦级，例如 ICL7600 的供电电源为 1.5V，功耗为 10μW，可采用单节电池供电。

6．高压大功率型运算放大器

运算放大器的输出电压主要受供电电源的限制。在普通的运算放大器中，输出电压的最大值一般仅几十伏，输出电流仅几十毫安。若要提高输出电压或增大输出电流，集成运放外部必须加辅助电路。高压大电流集成运算放大器外部不需附加任何电路，即可输出高电压和大电流。例如，D41 集成运放的电源电压可达±150V，μA791 集成运放的输出电流可达 1A。

3.6.2　集成运放管脚功能及元器件特点

因为集成运放总是采用金属或塑料封装在一起，是一个不可拆分的整体，所以也常把集成运放称为器件。作为一个器件，人们首先关心的是它们的外部连接和使用，对其内部情况仅简单了解即可。因此，本书只重点介绍集成运放的管脚用途、管脚连接方式及运放的主要特点。

1．集成运放各管脚的功能

图 3.26 为 μA741（F007C）集成运放的管脚排列图、外部接线图及集成运放的电路图符号。

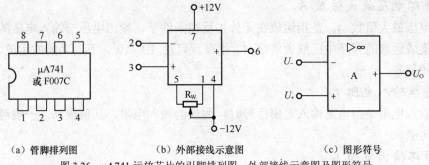

（a）管脚排列图　　　　（b）外部接线示意图　　　　（c）图形符号

图 3.26　μA741 运放芯片的引脚排列图、外部接线示意图及图形符号

由图 3.26 可知，单运放 μA741 除了有同相、反相两个输入端，一个输出端外，还有两个±12V 的电源端外，两个外接大电阻调零端，所以是多脚元件。

芯片引脚 2 为运放的反相输入端，引脚 3 为同相输入端，这两个输入端对于运放的应用极为重要，绝对不能接错。

引脚 6 为集成运放输出级的输出端，与外接负载相连。

引脚 1 和引脚 5 是外接调零补偿电位器端，集成运放的电路参数和晶体管特性不可能完全对称，因此，在实际应用当中，若输入信号为 0 而输出信号不为 0，就需调节引脚 1 和引脚 5 之间电位器 R_W 的数值，直至输入信号为 0、输出信号也为 0 时为止。

引脚 4 为负电源端，接−12V 电位；引脚 7 为正电源端，接+12V 电位，这两个芯片引脚都是集成运放的外接直流电源引入端，使用时不能接错。

引脚 8 是空脚，使用时可悬空处理。

2．集成电路元器件的特点

与分立元器件相比，集成电路元器件有以下特点。

（1）单个元器件的精度不高，受温度影响也较大，但在同一硅片上用相同工艺制造出来的元器件性能比较一致，对称性好，相邻元器件的温度差别小，因而同一类元器件温度特性也基本一致。

（2）集成电阻及电容的数值范围窄，数值较大的电阻、电容占用硅片面积大。集成电阻一般在几十欧～几十千欧范围内，电容一般为几十皮法。电感目前不能集成。

（3）元器件性能参数的绝对误差比较大，而同类元器件性能参数的比值比较精确。

（4）纵向 NPN 管 β 值较大，占用硅片面积小，容易制造。而横向 PNP 管的 β 值很小，但其 PN 结的耐压高。

3.6.3　集成运放的主要性能指标

由运算放大器组成的各种系统中，应用要求不同，对运算放大器的性能要求也不同。在没有特殊要求的场合，尽量选用通用型集成运放，这样既可降低成本，又容易保证货源。当一个系统中使用多个运放时，尽可能选用多运放集成电路，例如 LM324、LF347 等都是将 4 个运放封装在一起的集成电路。而评价一个集成运放性能的优劣，应看其综合性能。

集成运算放大器的技术指标很多，其中一部分与差分放大器和功率放大器相同，另一部分则是根据运算放大器本身的特点设立的。各种主要参数均比较适中的是通用型运算放大器，这类运算放大器的主要性能指标有以下 4 个。

1．开环电压放大倍数 A_{uo}

开环电压放大倍数 A_{uo} 是指运放在无外加反馈条件下，输出电压与输入电压的变化量之比。一般集成运放的开环电压放大倍数 A_{uo} 很高，可达 $10^4 \sim 10^7$，不同功能的运放，A_{uo} 的数值相差比较悬殊。

2．差模输入电阻 r_i

差模输入电阻是指电路输入差模信号时，运放的输入电阻，其值很高，一般可达几十千欧至几十兆欧。

3．闭环输出电阻 r_o

大多数运放的输出电阻在几十欧至几百欧之间。由于运放总是工作在深度负反馈条件下，因此其闭环输出电阻更小。

4．最大共模输入电压 U_{icmax}

最大共模输入电压 U_{icmax} 是指在保证运放正常工作的条件下，运放所能承受的最大共模输入电压。共模电压若超过该值，输入差分对管子的工作点将进入非线性区，使放大器失去共模抑制能力，共模抑制比显著下降，甚至造成器件损坏。

3.6.4　集成运算放大器的理想化条件及传输特性

1．集成运算放大器的理想化条件

为了简化分析过程，同时满足工程的实际需要，通常把集成运放理想化，满足下列参数指标的运算放大器可以视为理想运算放大器。

（1）开环电压放大倍数 $A_{uo} = \infty$，实际上 $A_{uo} \geqslant 80\text{dB}$ 即可。

（2）差模输入电阻 $r_i = \infty$，实际上 r_i 比输入端外电路的电阻大 2～3 个量级即可。

（3）输出电阻 $r_o = 0$，实际上 r_o 比输入端外电路的电阻小 2～3 个量级即可。

（4）共模抑制比足够大，理想条件下视为 $K_{CMR} \to \infty$。

在分析集成运放的一般原理性时，只要实际应用条件不使运放的某个技术指标明显下降，均可把运算放大器产品视为理想的。这样，根据集成运放的上述理想特性，可以大大简化运放的分析过程。

2．集成运算放大器的传输特性

图 3.27 为集成运放的电压传输特性。

电压传输特性表示开环时输出电压与输入电压之间的关系。图中虚线表示实际集成运放的电压传输特性。由实际的电压传输特性可知，平顶部分对应±U_{OM}，表示输出正、负饱和状态的情况。斜线部分实际上非常靠近纵轴，说明集成运放的线性区范围很小；输出电压 u_o 和两个输入端之间的电压 U_- 与 U_+ 的函数关系是线性的（斜线范围），可用下式表示。

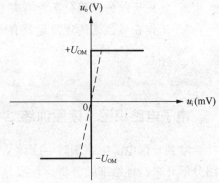

图 3.27　集成运放的电压传输特性

$$u_o = A_{uo}(U_+ - U_-) = A_{uo} \cdot u_i \tag{3-13}$$

由于运放的开环电压放大倍数很大，即使输入信号是 μV 数量级的，也足以使运放工作于饱和状态，使输出电压保持稳定。当 $U_+ > U_-$ 时，输出电压 u_o 将跃变为正饱和值+U_{OM}，接近于正电源电压值；当 $U_+ < U_-$，输出电压 u_o 又会立刻跃变为负饱和值−U_{OM}，接近于负电源电压值。根据此特点，可得出集成运放在理想条件下的电压传输特性，如图 3.27 中的粗实线所示。

根据集成运放的理想化条件，可以在输入端导出以下两条重要结论。

（1）虚短

因为理想运放的开环电压放大倍数很高，因此，当运放工作在线性区时，相当于一个线性放大电路，输出电压不超出线性范围。这时，运算放大器的同相输入端与反相输入端两电位十分接近。在运放供电电压为±12～±15V 时，输出电压的最大值一般在 10～13V。所以运放两输入端的电位差在 1mV 以下，近似等电位。这一特性称为"虚短"。显然，"虚短"不是真正的短路，只是分析电路时在允许误差范围之内的合理近似。"虚短"也可直接由理想条件化导出：在理想情况下，$A_{uo}=\infty$，则 $U_+ - U_- = 0$，即 $U_+ = U_-$，运放的两个输入端等电位，可将它们看作虚假短路。

（2）虚断

差模输入电阻 $r_i = \infty$，因此可认为没有电流能流入理想运放，即 $i_+ = i_- = 0$。集成运放的输入电流恒为 0，这种情况称为"虚断"。实际集成运放流入同相输入端和反相输入端中的电流十分微小，比外电路中的电流小几个数量级，因此流入运放的电流往往可以忽略不计，这一现象相当于运放的输入端开路，显然，运放的输入端并不是真正断开。

运用"虚短"和"虚断"这两个重要概念，对各种工作于线性区的应用电路进行分析，可以大大简化应用电路的分析过程。运算放大器构成的运算电路均要求输入与输出之间满足一定的函数关系，因此可以应用这两条重要结论。如果运放不在线性区工作，则"虚短"的概念不再成立，但仍具有"虚断"的特性。如果在测量集成运放的两个输入端电位时，发现有几毫伏之多，那么该运放肯定不在线性区工作，或者已经损坏。

思考与练习

1. 集成运算放大器 μA741 和 LM386 哪个属于单运放？哪个属于双运放？

2. 集成运放的理想化条件有哪些？

3. 工作在线性区的理想运放有哪两条重要结论？试说明其概念。

能 力 训 练

电子电路识图、读图训练二

拿到一张电源电路图时，应该从输入开始，一级一级地往输出走，按次序把整个电子电路分解开来，逐级细细分析。逐级分析时要分清主电路和辅助电路、主要元件和次要元件，弄清它们的作用和参数要求等。

电子电路中的晶体管有 NPN 和 PNP 型两类，某些集成电路要求双电源供电，所以一个电子电路往往包括不同极性、不同电压值和好几组输出。读图时必须分清各组输出电压的数值和极性。在组装和维修时也要仔细分清晶体管和电解电容的极性，防止出错。

一、较为简单的电子电路识图、读图

电热毯控温电路的原理

读电子电路图时，首先熟悉某些习惯画法和简化画法，还要把整个电路从前到后全面综合贯通起来。这样也就能够读懂这张电子电路图了。

例如，在图 3.28 所示的电热毯控温电路中，开关在"1"的位置是低温挡。220V 市电经二极管整流后接到电热毯，因为是半波整流，电热毯两端所加的电压约为 100V 的脉动直流电，发热不高，所以在保温或低温状态。开关扳到"2"的位置时，220V 市电直接接到电热毯上，所以是高温挡。

图 3.29 为高压电子灭蚊蝇器电路图。此电路利用倍压整流原理得到小电流直流高压电的灭蚊蝇器。

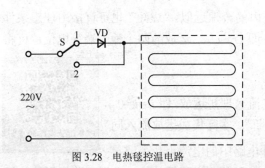

图 3.28　电热毯控温电路

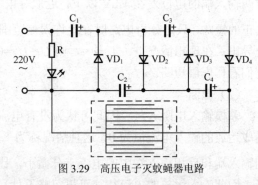

图 3.29　高压电子灭蚊蝇器电路

高压电子灭蚊蝇器的原理

220V 交流市电经过四倍压整流后，输出电压可达 1100V，把这个直流高压加到平行的金属丝网上。网下放诱饵，当苍蝇停在网上时，造成短路，电容器上的高压通过蚊蝇身体放电把蚊蝇击毙。蚊蝇尸体落下后，电容器又被充电，电网又恢复高压。这个高压电网电流很小，因此对人体无害。

另外，由于昆虫夜间有趋光性，因此如在电网后面放一个 3W 的荧光灯或小型黑光灯，就可以诱杀蚊虫和有害昆虫。

二、较为复杂的电子电路识图、读图

图 3.30 为六管超外差收音机的电路原理图。

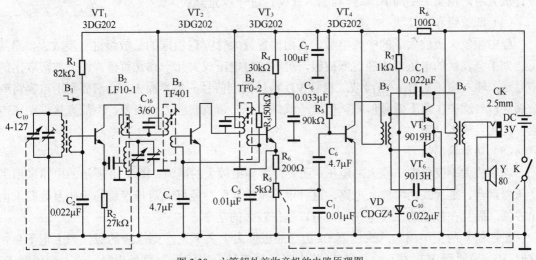

图 3.30　六管超外差收音机的电路原理图

六管超外差收音机属于中波段袖珍式半导体收音机，采用可靠的全硅管线路，具有机内磁性天线，体积小巧、音质清晰、携带方便，并设有外接耳机插口。该收音机的频率范围为 535～1605kHz；输出功率为 50～150mW；扬声器为 ϕ57mm、8Ω；电源为两节 5 号电池共 3V。收音机主要由输入回路、变频级、中放级、检波级、低放级、功率输出级组成。此类较为复杂电子电路的识图、读图可从输入回路开始。

1. 六管超外差收音机的识图和读图

（1）输入回路

输入回路由双联可变电容的 C_{1A} 和磁性天线线圈 B_1 组成。B_1 的初级绕组与可变电容 C_{1A}（电容量较大的一联）组成串联谐振回路对输入信号进行选择。转动 C_{1A} 使输入调谐回路的自然谐振频率刚好与某一电台的载波频率相同，这时，该电台在磁性天线中感应的信号电压最强。

（2）变频级

变频级由晶体管 VT_1、双联可变电容的 C_{1B} 以及本振线圈 B_2 组成收音机的变频级。

输入级接收和感应的电压信号由 B_1 的次级耦合到 VT_1 的基极；VT_1 还和振荡线圈 B_2、双连的振荡连 C_{1B}（电容量较少的一联）等元件接成变压器耦合式自激振荡电路，叫作本机振荡器，简称本振。C_{1B} 与 C_{1A} 同步调谐，所以本振信号总是比输入信号高 465 kHz，即中频信号。本振信号通过 C_4 加到 VT_1 的发射极，和输入信号一起经 VT_1 变频后产生了中频，中频信号从第一中周 B_3 输出，再由次级耦合到中放管 VT_2 的基极。

（3）两级中放

中放级由两级中放管 VT_2、VT_3 和两级中频变压器（中周）B_3 和 B_4 组成。两个晶体管构成两级单调谐中频选频放大电路，由于中放管采用了硅管，其温度稳定性较好。VT_2 管因加有自动增益控制，静态电流不宜过大，一般取 0.2～0.6mA；VT_3 管主要是提高增益，采用了固定偏置电路以提供低放级所需的功率，故静态电流取得较大些，在 0.5～0.8mA 范围。两级中周均调谐于 465kHz 的中频频率上，以提高整机的灵敏度、选择性和减小失真。第一中周 B_2 加有自动增益控制，以使强、弱台信号得以均衡，维持输出稳定。中放管 VT_2 对中频信号进行放大后，由第二中周 B_4 耦合到晶体管 VT_3 进一步充分放大。

（4）低放级和检波级

经中频放大级放大了的中频信号送入由前置放大管 VT_4 组成的低放级进一步放大，通常可达到 1 至几伏的电压，即经过低放级，可将信号电压放大几十到几百倍。经低放级取出的信号送入输入变压器 B_5，由检波二极管 VD 将已调制信号的负半周去掉，然后利用电容将剩余高频信号滤去，留下低频信号，但这一低频信号的带负载能力仍很差，不能直接推动扬声器，还需要放大功率。

（5）功率输出级

功率放大不仅要输出较大的电压，还要能够输出较大的电流。图 3.30 所示的电路采用了变压器耦合、推挽式功率放大电路，这种电路阻抗匹配性能好，对推挽管的一些参数要求也比较低，而且在较低的工作电压下，可以输出较大的功率。

设在信号的正半周输入变压器 B_5 初级的极性为上负下正，则次级的极性为上正下负，这时 VT_5 导通而 VT_6 截止，由 VT_5 放大正半周信号；当信号为负半周时，输入变压器 B_5 初级的极性为上正下负，次级的极性为上负下正，于是 VT_5 由导通变为截止，VT_6 则由截止变为导通，负半周的信号由 VT_6 放大。这样，在信号的一个周期中，VT_5 和 VT_6 轮流导通和截止，这种工作方式就好像两人推磨一样，一推一挽，故称为推挽式放大。放大后的两个半波再由输出变压器 B_6 合成一个完整的波形，送到扬声器发出声音。另外，由 VT_3 的发射极输出到电位器 R_W 的信号成分与开关 K 相接，旋转 R_W 可以改变电位器的阻值，以控制音量的大小。

2．认识电路原理图上的图符号和文字符号

（1）根据电路原理图划分出收音机的输入级、变频级、中放级、低放与检波级、功放级。

（2）弄清楚各级的工作原理。

（3）识别电路图上的图符号和文字符号含义。

| 第三单元　习题 |

1. 零点漂移现象是如何形成的？哪一种电路能够有效地抑制零漂？

2. 何谓交越失真？哪一种功放电路存在交越失真？如何消除交越失真？

3. 在图 3.31 所示的差动放大电路中，已知 $R_C=20\text{k}\Omega$，$R_L=40\text{k}\Omega$，$R_B=4\text{k}\Omega$，$r_{be}=1\text{k}\Omega$，$\beta=50$。求差模电压放大倍数 A_{ud}、差模输入电阻 r_{id}、差模输出电阻 r_{od}；若 $u_{i1}=10\text{mV}$，$u_{i2}=5\text{mV}$，求此时的输出电压 u_o。

4. 在图 3.32 所示的电路中，设 VT_1、VT_2 两管的饱和压降 $U_{CES}=0$，$I_{CEO}=0$，VT_3 管发射结导通电压为 U_{BE3}。写出：①电压 U_{AB} 的表达式；②最大不失真功率表达式；③功放管的极限参数；④电路可能产生失真吗？

5. 恒流源电路在集成运放中的重要作用主要表现在哪几个方面？

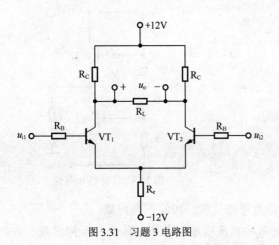

图 3.31 习题 3 电路图

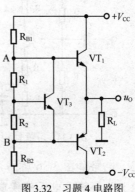

图 3.32 习题 4 电路图

6. 放大电路中常见的负反馈组态有哪些？如果要求提高放大电路的带负载能力，增大其输入电阻、减小其输出电阻，应采用什么类型的负反馈？

7. 放大电路引入直流负反馈和交流负反馈后，分别对电路产生哪些影响？

8. 判断图 3.33 所示各电路的反馈类型，估算各电路在深度负反馈条件下的电压放大倍数。

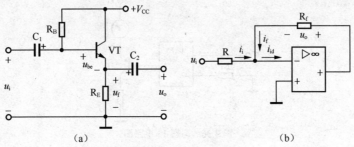

（a）　　　　　　　　　　（b）

图 3.33 习题 8 电路图

9. 简述理想运放的主要性能指标及"虚短""虚断"两个重要概念。

10. 为消除交越失真，通常要给功放管加上适当的正向偏置电压，使基极存在的微小的正向偏流，让功放管处于微导通状态，从而消除交越失真。那么，这一正向偏置电压是否越大越好呢？为什么？

11. 回答图 3.34 所示电路的反馈类型。

（1）是直流反馈还是交流反馈？

（2）是电压反馈还是电流反馈？

（3）是串联反馈还是并联反馈？

12. 在图 3.35 所示的电路中，已知 VT_1 和 VT_2 管的饱和管压降 $|U_{CES}|=3V$，$V_{CC}=15V$，$R_L=8\Omega$。回答下列问题。

（1）电路中 VD_1 和 VD_2 管的作用。

（2）静态时，晶体管发射极电位 V_{EQ} 为多大？

（3）电路最大输出功率 P_{om}=？

（4）当输入为正弦波时，若 R_1 虚焊开路，画出此时输出电压的波形。

（5）若 VD_1 虚焊，则 VT_1 管如何？

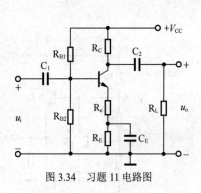

图 3.34 习题 11 电路图

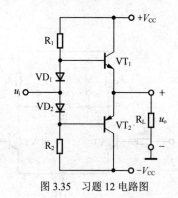

图 3.35 习题 12 电路图

13. 电路如图 3.36 所示，设运算放大器为理想运放。回答下列问题。

（1）为将输入电压转换成与之成稳定关系的电流信号，应在电路中引入何种组态的交流负反馈？

（2）画出电路图。

（3）若输入电压为 0 ~ 10V，与输入电压对应的输出电流为 0 ~ 5mA，R_2=10kΩ，那么 R_1 应取多大？

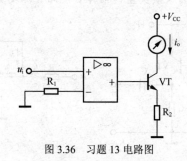

图 3.36 习题 13 电路图

14. 图 3.37 所示的两个电路中的集成运算放大器均为理想运放。试分析两个电路的反馈类型。

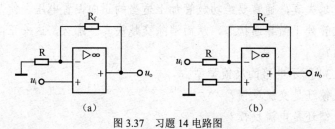

图 3.37 习题 14 电路图

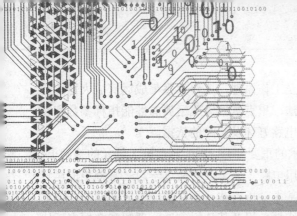

第四单元
集成运算放大器的应用

任 务 导 入

目前广泛应用的电压型集成运算放大器是一种高放大倍数的直接耦合放大器。在该集成电路的输入与输出之间接入不同的反馈网络，可实现不同用途的电路。例如，利用集成运算放大器可非常方便地对微弱信号进行放大，做为反相器、电压跟随器等；实现多种运算，如加、减、乘、除、对数、反对数、平方、开方等；用到稳压电路上，制作高精度的稳压滤波电路（滤波、调制）；还可实现信号处理，如波形的产生和变换等。

集成运算放大器在音响方面应用得最多，例如前级放大、缓冲，耳机放大器除了有部分使用分立元件、电子管外，绝大部分使用的都是集成运算放大器。图 4.1 为集成运放应用电路实例。

集成运算放大器最初应用于模拟计算机，对计算机内部信息进行加、减、微分、积分及乘、除等数学运算，并因此而得名。随着半导体集成工艺的飞速发展，集成运算放大器的应用已远远超出了模拟计算机的界限，集成运算放大器的品种也越来越多，应用最多的还是信号放大、电压比较，基本的集成运算放大器元件有 LM 系列，如 LM324、LM358、LM386 等。

图 4.2 为 LM386 产品外形图管脚排列图。LM386 外观体积很小，只有 $1cm^2$ 多点，对外引出 8 个管脚，是一种用作音频信号放大的集成电路。集成运算放大器芯片本身虽然很小，内部却包含成百上千个分立元器件。它不仅能用于低电压应用设计的音频功率放大器，也适合用于调幅、调频、无线电放大器、便携式磁带重放设备、内部通信电路、电视音频系统、线性驱动器、超声波驱动器和功率变换电路等。

图 4.1 集成运放应用电路实例

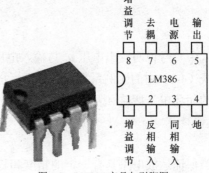

图 4.2 LM386 产品与引脚图

学习集成电路，不但要了解集成电路的组成及工作原理，还要熟悉集成运算放大器的应用，掌握对集成电路的识、读图以及基本分析方法，重点掌握集成运放的性能指标参数和在线各管脚电压，因为这是在具体应用中判断集成电路好坏及故障的依据。

集成运算放大器应用的学习，是模拟电子技术的重要部分。本单元在第3单元的基础上，着重介绍由集成运放构成的线性应用及非线性应用电路。要求读者通过学习，掌握集成运算放大器线性应用基本特性，熟悉其工作原理及其基本分析方法；了解集成运放在滤波、调制电路中的应用；熟悉和掌握集成运算放大器的非线性应用及其分析方法，理解和掌握电压比较器、文氏桥正弦波振荡器和石英晶体振荡器的原理以及分析。

理 论 基 础

4.1 集成运放的运算应用电路

当集成运放通过外接电路引入负反馈时，集成运放成闭环状态并且工作于线性区。运放工作在线性区可构成模拟信号运算放大电路、正弦波振荡电路和有源滤波电路等。

4.1.1 反相比例运算电路

在图 4.3 所示的反相比例运算电路中，R_1 是输入电阻，R_F 是反馈电阻，R_P 是平衡电阻，输入信号 u_i 由反相端输入。

由"虚断"的概念可分析出 R_P 上电流为 0，因此运放的同相输入端电位在数值上等于"地"电位。由"虚短"的概念有 $V_- = V_+ =$ "地"电位。

显然，反相比例运算电路的同相输入端 V_+ 和反相输入端 V_- 并未接"地"却具有"地"电位，这种现象称为"虚地"。

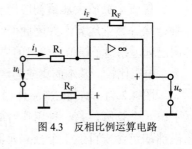

图 4.3　反相比例运算电路

由于 V_- "虚地"，所以有：$i_1 = \dfrac{u_i}{R_1}$，$i_F = -\dfrac{u_o}{R_F}$

根据理想运放"虚断"的概念，对反相输入端列 KCL 可得：$i_1 = i_F$，即 $\dfrac{u_i}{R_1} = -\dfrac{u_o}{R_F}$

由上式可解得反相比例运算电路输出与输入之间的关系为：

$$u_o = -\frac{R_F}{R_1} u_i \tag{4-1}$$

式中负号说明输出电压 u_o 与输入电压 u_i 反相。

式（4-1）中的比例系数显然等于运放电路输出电压与输入电压的比值，即反相比例运算电路的闭环电压增益 A_{uf}，即：

$$A_{uf} = \frac{u_o}{u_i} = -\frac{R_F}{R_1} \tag{4-2}$$

为保证运放电路具有一定的精度和稳定性，要求反相输入端等效电阻 R_N 与同相输入端等效电阻 R_P 数值相等，此电路若满足上述条件，显然需 $R_P = R_1 /\!/ R_F$。

此反相比例运算电路的输出电压 u_o 与输入电压 u_i 之间的比例关系是由反馈电阻 R_F 和输入电阻 R_1 决定的，与集成运放本身的参数无关。选择外接电阻元件的数值合适，且外接电阻的阻值精度越高，运放的精度和稳定性也越好。

当反相比例运算电路中 $R_1=R_F$ 时，$A_{uf}=-1$，$u_o=-u_i$，表明输出电压与输入电压大小相等，极性相反，此时运放作一次变号运算，具有此特征的反相比例运算电路称为反相器。

【例 4.1】 图 4.4 为应用集成运放组成的电阻测量原理电路，试写出被测电阻 R_x 与电压表电压 U_O 的关系，并判断其反馈类型。

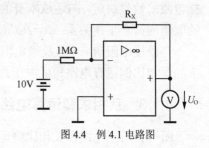

图 4.4　例 4.1 电路图

解：从电路图来看，此电路为反相比例运算电路，运用公式（4-1）可得：

$$U_O = -\frac{R_x}{10^6} \times 10 = -10^{-5} R_x$$

反相比例运算电路的反馈量 $i_F = -\dfrac{u_o}{R_F}$，取自于输出电压，因此为电压反馈；在输入端，反馈量 i_F 对输入量 i_1 产生了影响，造成运放反相端的净输入量 i_- 发生变化，且 3 个电流在反相输入端是以电流代数和的形式出现，为并联反馈，所以此电路的反馈类型为电压并联负反馈。

4.1.2　同相比例运算电路

同相比例运算电路如图 4.5 所示。

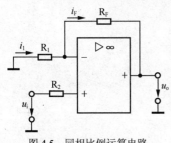

图 4.5　同相比例运算电路

由"虚断"可知，通过 R_2 的电流为 0，因此同相输入端电位 $v_+=u_i$。在电路没有反馈通道时，由"虚短"的概念可得 $v_-=v_+=u_i$。

当电路中存在反馈通道时，反相输入端电位将发生变化，由"虚断"可得，加入反馈通道后的反相输入端电位：

$$v_- = u_F = u_o \frac{R_1}{R_1 + R_F}$$

因为反馈电压取自于输出电压 u_o，所以电路为电压反馈，反馈量 v_- 的存在改变了运放电路的净输入电压 $u_{id} = v_+ - v_-$，且反馈电压 v_-、输入电压 u_i 和运放净输入量 u_{id} 三者在输入端以电压代数和的形式出现，为串联反馈，所以同相比例运算电路的反馈类型为电压串联负反馈。

同相比例运算电路

依据图 4.5 中各电压、电流的参考方向可得：

$$i_1 = -\frac{u_i}{R_1}, \quad i_F \approx -\frac{u_o - u_i}{R_F}$$

由 $i_1=i_F$，可得：

$$\frac{u_i}{R_1} = \frac{u_o - u_i}{R_F}$$

整理上式可得同相比例运算电路输出电压与输入电压之间的关系式为：

$$u_o = \left(1 + \frac{R_F}{R_1}\right)u_i = A_{uf}u_i \tag{4-3}$$

式（4-3）表明：同相比例运算电路输出电压与输入电压同相，电路的闭环电压增益（比例系数）恒大于 1，而且仅由外接电阻的数值决定，与运放本身的参数无关。电路中的电阻 R_2 的取值应符合平衡关系：$R_2 = R_1 /\!/ R_F$。

当外接电阻 $R_1 = \infty$、反馈电阻 $R_F = 0$ 时，有 $u_o = u_i$，此状态下的同相比例运算电路构成电压跟随器，如图 4.6 所示。

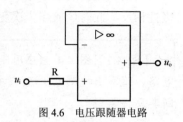

图 4.6　电压跟随器电路

4.1.3　反相求和运算电路

图 4.7 所示电路在反相比例运算电路的基础上，增加一条输入支路，即构成了反相输入的求和运算电路。

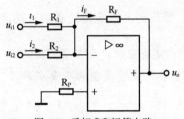

图 4.7　反相求和运算电路

反相输入的电路基本上都存在"虚地"现象，因此有：

$$V_- \approx V_+ = 0$$

由图 4.7 中各电流、电压的参考方向可得：

$$i_1 = \frac{u_{i1}}{R_1}, \quad i_2 = \frac{u_{i2}}{R_2}, \quad i_F = -\frac{u_o}{R_F}$$

对反相输入端结点列写 KVL 方程可得：

$$\frac{u_{i1}}{R_1} + \frac{u_{i2}}{R_2} = -\frac{u_o}{R_F}$$

反相输入加法电路

对上式进行整理可得：

$$u_o = -R_F\left(\frac{u_{i1}}{R_1} + \frac{u_{i2}}{R_2}\right)$$

如果选取电路中的电阻 $R_1 = R_2 = R_F$，则

$$u_o = -(u_{i1} + u_{i2}) \tag{4-4}$$

电路实现了输出对输入的反相求和运算。

反相求和运算电路中的平衡电阻 $R_P = R_1 /\!/ R_2 /\!/ R_F$。

4.1.4　同相求和运算电路

在同相比例运算电路的基础上，增加一条输入支路和一条 R_3 支路，就构成了如图 4.8 所示的同相求和运算电路。

同相电路不存在"虚地"现象。因此首先应求出同相输入端的电压 v_+。

运用弥尔曼定理可列出方程：

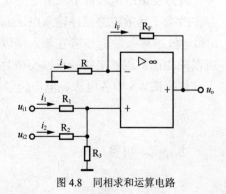

图 4.8　同相求和运算电路

$$V_+ = \frac{\dfrac{u_{i1}}{R_1} + \dfrac{u_{i2}}{R_2}}{\dfrac{1}{R_1} + \dfrac{1}{R_2} + \dfrac{1}{R_3}} = \left(\frac{u_{i1}}{R_1} + \frac{u_{i2}}{R_2}\right) R_1 // R_2 // R_3$$

根据电路平衡条件，$R_N=R_P$，其中 $R_P=R_1//R_2//R_3$，而 $R_N=R//R_F$。

利用同相比例运算电路的结果，将输入 u_i 用 v_+ 替换，可得：

$$u_o = \left(1 + \frac{R_F}{R}\right) v_+ = \left(1 + \frac{R_F}{R}\right)\left(\frac{u_{i1}}{R_1} + \frac{u_{i2}}{R_2}\right) R_1 // R_2 // R_3 \tag{4-5}$$

将 $1 + \dfrac{R_F}{R} = \dfrac{R+R_F}{R}$，$R_1 // R_2 // R_3 = R_P = R_N = \dfrac{RR_F}{R+R_F}$ 代入式（4-5），有：

$$u_o = \frac{R+R_F}{R} \cdot \frac{RR_F}{R+R_F}\left(\frac{u_{i1}}{R_1} + \frac{u_{i2}}{R_2}\right) = R_F\left(\frac{u_{i1}}{R_1} + \frac{u_{i2}}{R_2}\right)$$

如果取 $R_1=R_2=R_F$，则上式改写为

$$u_o = u_{i1} + u_{i2} \tag{4-6}$$

电路实现了输出对输入的求和运算。

同相求和运算电路的调节不如反相比例运算电路方便，而且其共模输入信号比较大，因此，同相求和运算电路的应用并不是很广泛。

4.1.5　双端输入差分运算电路

双端输入差分运算电路如图 4.9 所示。为保证电路的平衡性，要求电路中 $R_N= R_P$，其中 $R_N = R_1//R_F$，$R_P= R_2//R_3$。

令电路中的电阻 $R_2=R_3$，可得同相端电位：

$$v_+ = u_{i2}\frac{R_3}{R_2+R_3} = \frac{u_{i2}}{2}$$

根据"虚短"，则 $v_- = v_+ = \dfrac{u_{i2}}{2}$，根据电路中各电流的参

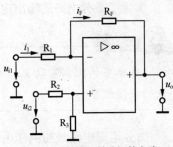

图 4.9　双端输入差分运算电路

减法运算电路

考方向可得：$i_1 = \dfrac{u_{i1} - \dfrac{u_{i2}}{2}}{R_1}$，$i_F = \dfrac{\dfrac{u_{i2}}{2} - u_o}{R_F}$，且 $i_1=i_F$，因此有：

$$\frac{u_{i1} - \dfrac{u_{i2}}{2}}{R_1} = \frac{\dfrac{u_{i2}}{2} - u_o}{R_F} \tag{4-7}$$

对式（4-7）整理可得：

$$u_o = \frac{u_{i2}}{2} - \frac{u_{i1}R_F}{R_1} + \frac{u_{i2}R_F}{2R_1} \tag{4-8}$$

如果令电路中电阻 $R_1=R_F= R_2=R_3$，则式（4-8）可改写为：

$$u_o = u_{i2} - u_{i1} \tag{4-9}$$

实现了输出对输入的差分减法运算。

4.1.6　微分运算电路

把反相比例运算电路中的电阻 R_1 用电容 C 代替，即成为微分运算电路，如图 4.10 所示。

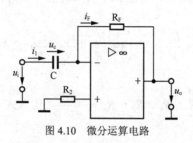

图 4.10　微分运算电路

当微分运算电路的输入信号频率较高时，电容 C 的容抗减小，电路电压增益增大，因此微分运算电路对输入信号中的高频干扰非常敏感。

微分运算电路也是反相输入电路，因此同样存在"虚地"现象。由电路图可看出电路中的输入电压 u_i 在数值上等于电容的极间电压 u_c，根据"虚断"又可得 $i_1=i_c=i_F$，即：

$$i_1 = C\frac{\mathrm{d}u_c}{\mathrm{d}t} = C\frac{\mathrm{d}u_i}{\mathrm{d}t} \text{ 和 } u_o = -i_F R_F = -i_1 R_F$$

可得：

$$u_o = -R_F C\frac{\mathrm{d}u_i}{\mathrm{d}t} \tag{4-10}$$

实现了微分电路的输出电压正比于输入电压对时间的微分。

 注　意

电路中的比例常数 $R_F C$ 称为时间常数，用 $\tau=R_F C$ 表示，它决定了微分电路中电容充放电的快慢程度。

微分运算电路最初的作用就是将一个方波信号变为一个尖脉冲电压，如图 4.11 所示。因此微分运算电路的输出是作为电路的触发信号或是作为记时标记,对电路的要求也不高，一般要求前沿要陡、幅度要大、脉冲要尖等。

目前微分运算电路广泛应用于处理一些模拟信号。例如，医用电子仪器中，已测出的生物电信号、阻抗图、肌电图、脑电图、心电图等，就可用微分电路求出相应的阻抗微分图、肌电微分图、脑电微分图、心电微分图等，这些生物电流的微分图可反映出生物电的变化速率，在临床诊断上有十分重要的意义。

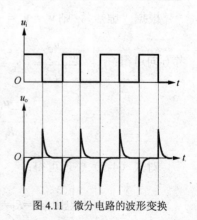

图 4.11　微分电路的波形变换

4.1.7　积分运算电路

只要把微分运算电路中的 R_F 和 C 的位置互换，就构成了最简单的积分电路，如图4.12所示。注意积分运算电路作为反相输入电路，同样存在"虚地"现象。

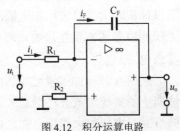

显然，积分电路中有：

$$u_o = -\frac{1}{C_F}\int i_F \mathrm{d}t \qquad (4\text{-}11)$$

图4.12　积分运算电路

根据"虚断"和"虚短"又可知：

$i_F = i_1 = \dfrac{u_i}{R_1}$，代入式（4-12）可得：

$$u_o = -\frac{1}{R_1 C_F}\int u_i \mathrm{d}t \qquad (4\text{-}12)$$

积分运算电路

可见，电路实现了输出电压 u_o 正比于输入电压 u_i 对时间的积分，其比例常数取决于积分时间常数 $\tau = R_1 C_F$，式中的负号表示输出电压与输入电压反相。

积分运算电路广泛应用于工业领域或其他领域，主要作用有波形变换：可以把一个输入的方波转换成一个输出的等腰三角波或斜波；移相：将输入的正弦电压变换为输出的余弦电压；滤波：对低频信号增益大、对高频信号增益小，当信号频率趋于无穷大时，增益为 0；积分运算电路还可消除放大电路失调电压；在电子线路中用于延迟；将电压量变为时间量；应用于 A/D 转换电路中以及反馈控制中的积分补偿等场合。

4.1.8　有源滤波器

在无线电通信、电子测量、信号检测和自动控制系统等领域常采用滤波器进行信号的处理。当传输信号为非正弦波时，可看作是一系列正弦谐波的叠加，滤波器可从传输信号中选出某一波段的有用频率成分使其顺利通过，而将无用或干扰信号波段的频率成分衰减后予以滤除，从而实现对传输信号的"滤波选频"处理。滤波电路不仅应用于信号的处理，而且在数据传输和抗干扰方面也获得了广泛地应用。

滤波电路的类型

1．滤波器的分类

按其通带内工作频率不同，滤波器可分为：

（1）低通滤波器（LPF）：只允许低频信号通过，将高频信号衰减和滤除；

（2）高通滤波器（HPF）：只允许高频信号通过，将低频信号衰减和滤除；

（3）带通滤波器（BPF）：只允许通带范围内的信号通过，将通带以外的信号衰减和滤除；

（4）带阻滤波器（BEF）：阻止某一频率范围内的信号通过，而允许此阻带以外的其他信号通过。

滤波器是一种能使有用频率信号通过而同时抑制无用频率信号的电子装置，根据其组成部件的不同，可分为无源滤波器和有源滤波器。

2．有源滤波器和无源滤波器

利用电阻、电感、电容等无源器件构成的滤波电路称为无源滤波器。无源滤波电路的结构简单，易于设计，但它的通带放大倍数及其截止频率都随负载而变化，因而不适用于信号处理这种对通带内放大倍数及截止频率精度均要求较高的场合。无源滤波器由于存在电感，所以体积较大，且实用中无源滤波器存在电路增益小、带负载能力差等一些实际问题。所以无源滤波器通常用在较大功率的电路中，如直流电源整流后的滤波和大电流负载时的 L、C 滤波电路。

采用有源器件集成运放和电阻 R、电容 C 组成的滤波电路称为有源滤波器。因为有源滤波器中的集成运放开环增益大、输入阻抗高、输出阻抗低，所以有源滤波器的带负载能力较强且兼有电压放大作用，加之电路中没有电感和大电容元件，因此体积小、重量轻。因为有源滤波电路中含有集成运放，所以只有在合适的直流电源供电的情况下，才能使用，有源滤波器不适用于高电压大电流的场合，但有源滤波器的滤波特性一般不受负载影响，因此可用于信号处理这种要求高的场合。

有源滤波器也有不足之处，主要是集成运放频率带宽不够理想，使得有源滤波器只能在有限的频带内工作，通常只能使用于几千赫兹以下的频率范围。在频率较高的场合，可采用无源滤波器或固态滤波器。

无源滤波器一般不存在噪声问题，而有源滤波器由于使用了运放，噪声性能较为突显，信噪比很差的有源滤波器实际当中也很常见。为了减少噪声的影响，使用有源滤波器时应注意滤波器中的电阻尽量小一些，电容则要尽量大一些，另外反馈量尽可能大一些，以减小增益，还有就是运算放大器的开环频率特性要比有源滤波器的通频带宽些。

3. 常用的有源滤波器

根据滤波器的特点可知，它的电压放大倍数的幅频特性可以准确地描述该电路属于低通、高通、带通还是带阻滤波器，所以若能定性分析出通带（允许通过的频率范围）和阻带（衰减和滤除的频率范围）在哪一个频段，就可以确定滤波器的类型。

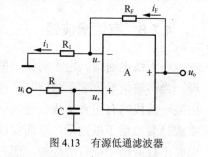

图 4.13　有源低通滤波器

（1）有源低通滤波器（LPF）

有源低通滤波器电路如图 4.13 所示。电路中同相输入端的电位：

$$\dot{V}_+ = \frac{\dfrac{1}{j\omega C}}{R + \dfrac{1}{j\omega C}}\dot{U}_i = \frac{\dot{U}_i}{1 + j\omega CR}$$

根据"虚短"有：$\dot{V}_- = \dot{V}_+ = \dfrac{\dfrac{1}{j\omega C}}{R + \dfrac{1}{j\omega C}}\dot{U}_i = \dfrac{\dot{U}_i}{1 + j\omega CR}$

根据电路中标示的电流参考方向可得：$\dot{I}_1 = \dfrac{\dot{V}_-}{R_1} = \dot{I}_F = \dfrac{\dot{U}_o - \dot{V}_-}{R_F}$

由上述关系式可得：$\dot{U}_o = \left(1 + \dfrac{R_F}{R_1}\right)\dot{V}_- = \left(1 + \dfrac{R_F}{R_1}\right)\dfrac{\dot{U}_i}{1 + j\omega CR}$

由上式又可得出电路的传输函数为：

$$\dot{A} = \frac{\dot{U}_\text{o}}{\dot{U}_\text{i}} = \left(1 + \frac{R_\text{F}}{R_1}\right)\frac{1}{1 + j\omega CR} = \frac{A_\text{up}}{1 + j\dfrac{\omega}{\omega_0}} \tag{4-13}$$

式（4-13）中的 $\omega_0 = \dfrac{1}{RC}$ 是有源低通滤波器通带的截止角频率，式中的 A_up 为有源低通滤波器在通频带范围内的通带电压放大倍数，当电路的频率为 f_0 时，有 $|A_\text{u}| = 0.707|A_\text{up}|$。

性能良好的低通滤波器通带内的幅频特性曲线比较平坦，阻带内的电压放大倍数基本为 0。其幅频特性如图 4.14 所示。

对于图 4.13 所示的有源低通滤波器，可以通过改变电阻 R_F 和 R_1 的阻值来调节通带内的电压放大倍数。

（2）有源高通滤波器（HPF）

有源高通滤波器如图 4.15 所示，电路的传输信号经 RC 支路从运放的反相端输入，因此电路存在"虚地"现象，根据线性运算放大器的"虚短"概念，可得：$v_- = v_+ = 0$

图 4.14 低通幅频特性

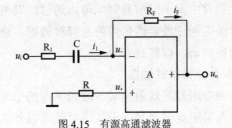

图 4.15 有源高通滤波器

由图 4.15 中各电压、电流参考方向可得：

$$\dot{I}_1 = \frac{\dot{U}_\text{i}}{R_1 - j\dfrac{1}{\omega c}}, \quad \dot{I}_\text{F} = \frac{-\dot{U}_\text{o}}{R_\text{F}}$$

根据"虚断"概念可得 $\dot{I}_1 = \dot{I}_\text{F}$，所以有源高通滤波器的传输函数为：

$$\dot{A} = \frac{\dot{U}_\text{o}}{\dot{U}_\text{i}} = -\frac{R_\text{F}\big/R_1}{1 - j\dfrac{\omega_0}{\omega}} = -\frac{1}{1 - j\dfrac{\omega_0}{\omega}}A_\text{up} \tag{4-14}$$

式（4-14）中的通带截止角频率为 $\omega_0 = 1/RC$，$A_\text{up} = -\dfrac{R_\text{F}}{R_1}$ 为通带内的电压放大倍数，ω 为外加输入信号的角频率。

由图 4.16 所示的有源高通滤波器的幅频特性可知，当输入信号的频率 f 等于通带截止频率 f_0 时，为高通滤波器的特征频率 f_0。

$$f_0 = f_\text{L} = \frac{1}{2\pi RC} \tag{4-15}$$

图 4.16 高通幅频特性

模拟电子技术微课版教程

（3）带通滤波器（BPF）和带阻滤波器（BEF）

将低通滤波电路和高通滤波电路进行不同组合，即可获得带通滤波器和带阻滤波器，它们的电路图分别如图 4.17 和图 4.18 所示。

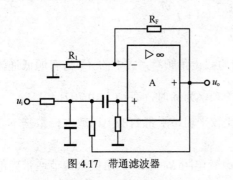

图 4.17 带通滤波器

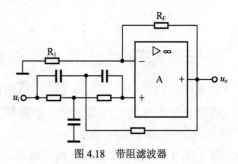

图 4.18 带阻滤波器

① 有源带通滤波器

用来使某频率段内的有用信号通过，而高于或低于此频段的信号将被衰减和抑制的滤波电路称为带通滤波器。

带通滤波器可由低通和高通滤波器串联而成，高通滤波器和低通滤波器同时各覆盖一段频率，只有中间一段信号频率可以通过，其幅频特性如图 4.19 所示。

有源带通滤波器通带内的选择性较好，通常用于音响电路的音色分频通道中，配合不同音质的扬声器，以提高音质。

② 有源带阻滤波器

有源带阻滤波器阻止某一段频率内的信号通过，从而达到抑制干扰的目的。

有源带阻滤波器允许干扰信号频率以外的频率通过，因此又称为陷波器。带阻滤波器由低通和高通滤波电路并联组成，两个滤波电路对某一频段均不覆盖，形成带阻频段，其幅频特性如图 4.20 所示。

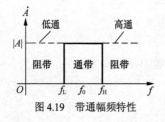

图 4.19 带通幅频特性

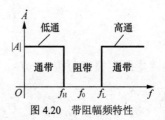

图 4.20 带阻幅频特性

幅频特性中低通滤波器的上限频率为 f_H，高通滤波器的下限频率是 f_L，而 f_0 是需要抑制的干扰信号频率。

带阻滤波器广泛应用于检测仪表和电子系统中，常来抑制 50Hz 交流电源引起的干扰信号，这时阻带中心频率选为 50Hz，它使对应于该中心频率的电压放大倍数为 0。

归纳：有源滤波电路主要用于小信号处理，按其幅频特性可分为低通、高通、带通和带阻滤波器 4 种电路。应用时应根据有用信号、无用信号和干扰信号等所占频段来选择合适的滤波器种类。有源滤波电路中的集成运放工作在线性应用状态，因此一般均引入电压负反馈，故分析方法与运放的运算电路基本相同，所不同的是实用中有源滤波器通常用传递函数表示滤波电路的输出与输入的函数关系。

4.1.9　集成运算放大器的线性应用举例

1．测振仪

测振仪用于测量物体振动时的位移、速度和加速度。测振仪的组成框图如图4.21所示。
设物体振动的位移为x，振动的速度为v，加速度为α。则：

$$v = \frac{\mathrm{d}x}{\mathrm{d}t}; \quad \alpha = \frac{\mathrm{d}v}{\mathrm{d}t} = \frac{\mathrm{d}^2 x}{\mathrm{d}t^2}; \quad x = \int v\mathrm{d}t$$

图 4.21 中速度传感器产生的信号与速度成正比，开关在位置"1"时，运算放大器可直接对速度传感器传送过来的信号进行放大测量，测量出振动的速度；开关在位置"2"时，速度传感器传送的信号经微分器进行微分运算，之后送入运放再进行放大测量，可测量加速度α；开关在位置"3"时，速度传感器送来的信号经积分器进行积分运算再一次放大，又可测量出位移x。在放大器的输出端，可接测量仪表或示波器对所测量信号进行观察和记录。

2．光电转换电路

光电传感器有光电二极管、光敏电阻、光电三极管和光电池等，它们都是电流型器件。

光电二极管在有光照时产生光生载流子，由光生载流子形成的电流将光信号转换成电信号，经放大后即可进行检测与控制。由光电传感器和集成运放构成的光电转换电路如图4.22所示。

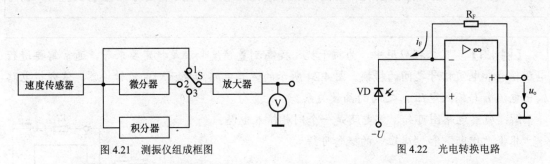

图 4.21　测振仪组成框图　　　　　图 4.22　光电转换电路

光电二极管工作在反向状态。无光照时，其反向电流一般小于 0.1μA，常称为暗电流。
光电二极管的反向电阻很大，高达几兆欧。有光照时，在光激发下，反向电流随光照强度而增大，称为光电流，这时的反向电阻可降至几十欧以下。在图4.22中，有光照时产生的光电流为i_F，其路径为$u_o \rightarrow R_F \rightarrow VD \rightarrow -U$，这时集成运放的输出电压为$u_o = i_F R_F$。

3．线性应用电路例题

【例4.2】　写出图4.23所示两级运算电路的输入、输出关系，并说明该电路运算功能。

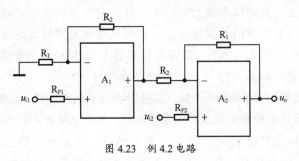

图 4.23　例 4.2 电路

解： 观察图 4.23，其中 A_1 为同相比例运算电路，有

$$u_{o1} = \left(1 + \frac{R_2}{R_1}\right)u_{i1}$$

显然 u_{o1} 和 u_{i2} 作为第二级运放的输入，因此 A_2 为双端输入方式。根据"虚短"可得 A_2 的两个输入端电位：$v_- = v_+ = u_{i2}$，假设 A_2 反相端输入电阻 R_2 上的电流 i_2 参考方向由左向右，则：

$$i_2 = \frac{u_{o1} - u_{i2}}{R_2} = \frac{\dfrac{R_1 + R_2}{R_1}u_{i1} - u_{i2}}{R_2} = \frac{R_1 + R_2}{R_1 R_2}u_{i1} - \frac{u_{i2}}{R_2}$$

假设 A_2 反馈通道电阻 R_1 上的电流 i_F 参考方向也由左向右，则：$i_F = \dfrac{u_{i2} - u_o}{R_1}$

对 A_2 反相输入端结点列 KCL 可得 $i_2 = i_F$，即：$\dfrac{R_1 + R_2}{R_1 R_2}u_{i1} - \dfrac{u_{i2}}{R_2} = \dfrac{u_{i2} - u_o}{R_1}$ （4-16）

对式（4-16）进行整理可得：

$$u_o = \frac{R_1 + R_2}{R_2}(u_{i2} - u_{i1}) \tag{4-17}$$

从式（4-17）表示的电路输出、输入关系来看，此电路实现了输出对输入的比例差分运算。

【例 4.3】 在工程应用中，为抗干扰、提高测量精度和满足特定要求等，通常需要进行电压信号和电流信号之间的转换。图 4.24 所示的运算电路为电压—电流转换器，试分析电路输出电流 i_o 与输入电压 u_s 之间的函数关系。

解： 观察电路图可知，该电路是一个同相输入电路。

根据"虚断"和"虚短"的概念可得

$$v_- = v_+ = u_s \qquad i_o = i_1 = \frac{u_s}{R_1}$$

所以 $i_o = \dfrac{u_s}{R_1}$。结果表明该电压 – 电流转换器的输出电流只

与输入电压成正比，与负载无关。通过该运放电路，可将输入电压转换成恒流输出。

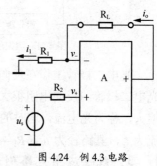

图 4.24　例 4.3 电路

【例 4.4】 工程上应用的仪用放大器的主要特点是可将两个输入端电压信号产生的差值小信号进行放大，且具有较强的共模抑制比。利用仪用放大器的上述特点，常把它作为测量温度的仪器，在两个输入端接入一个电阻温度变换器 R 和 R′组成测量桥路，其中 R′是温度敏感电阻器件。其原理电路如图 4.25 所示。试对电路进行分析。

分析： 观察电路图可知，电路的两个输入信号均由运放的同相输入端输入，因此具有极高的输入电阻；又因为集成运放的输出级采用了差分电路，显然电路具有较强的共模抗干扰能力。

根据"虚短"的概念可得 $v_+ = v_-$，由"虚断"结论可得 $i_- = 0$，因此，A 点电位 $u_A = u_{i1}$。

u_{o1} 和 u_{o2} 之间的 3 个电阻 R_F、R_W、R_F 可看作是串联，串联各电阻中的电流相等，因此有：

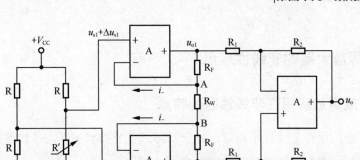

图 4.25　精密温度测量放大器

$$\frac{u_{o2} - u_{o1}}{2R_F + R_W} = \frac{u_B - u_A}{R_W} = \frac{u_{i2} - u_{i1}}{R_W} \qquad (4\text{-}18)$$

整理式（4-17）可得：

$$u_{o2} - u_{o1} = \frac{2R_F + R_W}{R_W}(u_{i2} - u_{i1})$$

因为最后一级运放是差分输入放大器，所以有：

$$u_o = \frac{R_2}{R_1}(u_{o2} - u_{o1}) = \frac{R_2}{R_1}\frac{2R_F + R_W}{R_W}(u_{i2} - u_{i1}) \qquad (4\text{-}19)$$

当电路中测量电桥平衡时，有 $u_{s1}=u_{s2}$，相当于共模信号，输出 $u_o=0$，表明测量放大器对共模信号具有较高的共模抑制抗干扰能力；当环境温度发生变化时，测量桥臂的温度敏感器件 R'感受到温度变化的影响，产生与 $\Delta R'$ 相应的微小信号变化量 Δu_{s1}，这相当于在两个运放的输入端出现了一个差模信号，放大器对该差模信号进行有效放大，从而测量出温度的变化。

本例中的仪用放大器在微弱信号检测中得到了广泛的应用。此种结构的仪用放大电路已经由美国 AD 公司制成集成仪用放大器，有 AD520 系列和 AD620 系列，输入电阻高达 1GΩ，共模抑制比可达 120dB，R_W 由几个电阻组成，各有引线接到引脚上，通过外部不同的接线可以方便地改变闭环电压放大倍数。

思考与练习

1. 集成运放构成的基本线性应用电路有哪些？在这些基本电路中，集成运放均工作在何种状态下？

2. "虚地"现象只存在于线性应用运放的哪种运算电路中？

3. 举例说明理想集成运放两条重要结论在运放电路分析中的作用。

4. 工作在线性区的集成运放，为什么要引入深度电压负反馈？而且反馈电路为什么要接到反相输入端？

5. 若给定反馈电阻 $R_F=10\text{k}\Omega$，试设计一个 $u_o = -10u_i$ 的电路。

6. 什么是滤波器？什么是无源滤波器？什么是有源滤波器？

7. 若要使某段频率内的有用信号通过，而高于或低于此频段的信号将被衰减和抑制，应采用什么滤波器？这种滤波电路由什么组成？

8. 如果要抑制 50Hz 干扰信号，不能让其通过，应采用什么滤波器？

4.2 集成运算放大器的非线性应用

4.2.1 集成运放应用在非线性区的特点

（1）集成运放应用在非线性电路时，处于开环或正反馈状态下。非线性应用中的运放本身不带负反馈，这一点与运放的线性应用有明显的不同。

（2）运放在非线性应用状态下，同相输入端和反相输入端上的信号电压大小不等，因此"虚短"的概念不再成立。当同相输入端信号电压 U_+ 大于反相输入端信号电压 U_- 时，输出端电压 U_O 等于 $+U_{OM}$，当同相输入端信号电压 U_+ 小于反相输入端信号电压 U_- 时，输出端电压 U_O 等于 $-U_{OM}$。

（3）非线性应用下的运放虽然同相输入端和反相输入端信号电压不等，但由于其输入电阻很大，所以输入端的信号电流仍可视为零值。因此，非线性应用下的运放仍然具有"虚断"的特点。

（4）非线性区的运放，输出电阻仍可以认为是零值。此时运放的输出量与输入量之间为非线性关系，输出端信号电压或为正饱和值，或为负饱和值。

4.2.2 电压比较器

电压比较器

集成运放工作在非线性区可构成各种电压比较器和波形发生器等。其中电压比较器的功能主要是对送到运放输入端的两个信号（模拟输入信号和基准电压信号）进行比较，并在输出端以高低电平的形式给出比较结果。

1. 单门限电压比较器

图 4.26（a）为简单的单门限电压比较器。把输入信号电压 u_i 接入反相输入端、门限电压（基准电压）U_R 接在同相输入端，当 $u_i < U_R$ 时，$u_o = +U_{OM}$，当 $u_i > U_R$ 时，$u_o = -U_{OM}$。由图 4.26（b）所示的传输特性可看出，$u_i = U_R$ 是电路的状态转换点，因此，基准电压 U_R 也称为阈值（门限值）电压，单门限电压比较器的输入 u_i 达到门限值 U_R 时，输出电压 u_o 的状态立刻产生跃变（实际情况如图 4.26（b）中虚线所示）。

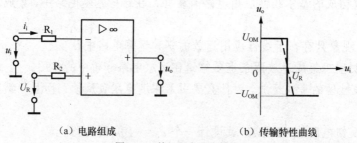

（a）电路组成　　　　　　　　（b）传输特性曲线

图 4.26　单门限电压比较器

在实际应用中，输入模拟电压 u_i 也可接在集成运放的同相输入端，而基准电压 U_R 作用于运放的反相输入端，对应电路的工作特性也随之改变为：$u_i > U_R$ 时，$u_o = +U_{OM}$，$u_i < U_R$ 时，$u_o = -U_{OM}$。

单门限电压比较器的基准电压只有一个，当门限电压 $U_R=0$ 时，输入电压每经过零值一次，输出电压就要产生一次跃变。这种门限值为 0 的单门限电压比较器称为过零电压比较器，简单过零电压比较器的电路图与传输特性如图 4.27 所示。

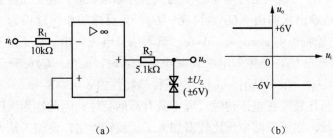

（a）　　　　　　　　　　　　　　（b）

图 4.27　过零电压比较器的电路图及传输特性

图 4.27（a）中输出端到"地"端之间连接的是双向稳压二极管，其稳压值 $U_Z=\pm6\text{V}$，一方面它是过零电压比较器输出状态的数值，另一方面它对电路的输出还起着保护作用。过零电压比较器和其他形式的单门限电压比较器主要应用于波形变换、波形整形和整形检测等电路。

单门限比较器的优点是电路简单、灵敏度高，缺点是抗干扰能力较差，当输入信号上出现叠加干扰信号时，输出也随干扰信号在基准信号附近来回翻转。为提高其抗干扰能力，通常采用滞回比较器。

2．滞回电压比较器

滞回电压比较器是一种能判断出两种控制状态的开关电路，广泛应用于自动控制系统的电路中。滞回电压比较器的电路组成如图 4.28（a）所示。显然，在单门限电压比较器的基础上，引入一个正反馈通道，由正反馈通道可将输出电压的一部分回送到运放的同相输入端，作为滞回电压比较器的门限电平，即图 4.28（a）中的 U_B。当输入 u_i 从小往大变化时，门限电平为 U_{B1}；当输入 u_i 从大往小变化时，门限电平为 U_{B2}。其电压传输特性如图 4.28（b）所示。

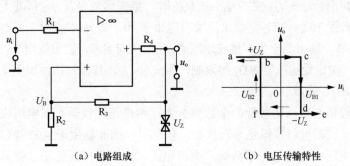

（a）电路组成　　　　　　　　　　（b）电压传输特性

图 4.28　滞回电压比较器

开环状态下的电压比较器的最大的缺点是抗干扰能力较差。由于集成运放的开环电压增益 A_{uo} 极大，只要输入电压 u_i 在转换点附近有微小的波动，输出电压 u_o 就会在 $\pm U_Z$（或 $\pm U_{OM}$）之间上下跃变；干扰信号进入开环状态下的电压比较器，极易造成比较器产生误翻转，有效解决上述问题的办法就是引入适当的正反馈。

滞回电压比较器采用了正反馈网络，如图 4.28（a）所示。电路输出电压 u_o 经正反馈通

道中的电阻 R_3 把输出回送至运放的同相输入端时，由于"虚断"，R_2 和 R_3 构成串联形式，对输出量±U_Z 分压得到±U_B，作为电压比较器的基准电压。正反馈网络中的 R_2 和 R_3 可加速集成运放在高、低输出电压之间的转换，使传输特性跃变陡度增大，使之接近垂直的理想状态。

观察图 4.28（b），当输入信号电压由 a 点负值开始增大时，输出 u_o=+U_Z，直到输入电压 u_i=U_{B1} 时，电路输出状态由+U_Z 陡降至−U_Z，正反馈的作用过程为：$u_o↓→U_B↓→(u_i−U_B)↑→u_o↓$，电压传输特性由 a→b→c→d→e；输入信号电压 u_i 由 e 点正值开始逐渐减小时，输出信号电压 u_o 等于−U_Z，当输入电压 u_i 减小至 U_{B2} 时，u_o 由−U_Z 陡升至+U_Z，正反馈的作用过程为：$u_o↑→U_B↑→(u_i−U_B)↓→u_o↑$，电压传输特性由 e→f→b→a。

上述双门限电压比较器在电压传输过程中具有滞回特性，因此称为滞回电压比较器。与单门限电压比较相比，由于滞回电压比较器加入了正反馈网络，使输入从大往小变化和从小往大变化时存在回差电压，从而大大增强了电路的抗干扰能力，但电路较为复杂。

3．窗口比较器

单门限电压比较器和滞回电压比较器在输入电压单方向变化时，输出电压仅发生一次跳变，因此无法比较在某一特定范围内的电压。窗口比较器则具有这项功能。

窗口比较器的电路如图 4.29 所示。

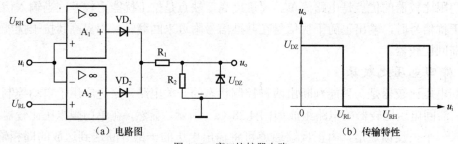

（a）电路图 （b）传输特性

图 4.29　窗口比较器电路

由图 4.29（a）可以看出，当 u_i>U_{RL} 时，必有 u_i>U_{RH}，集成运放 A_1 处反向饱和，输出低电平，集成运放 A_2 处正向饱和，输出高电平，于是二极管 VD_1 截止，VD_2 导通，输出受稳压管 VD_Z 的限制，则 u_o=+U_Z。当 U_{RL}<u_i<U_{RH} 时，集成运放 A_1、A_2 都处于反向饱和，输出低电平，于是二极管 VD_1、VD_2 都截止，输出电压 u_o=0。当 u_i<U_{RH} 时，必有 u_i<U_{RL}，集成运放 A_1 处于正向饱和，输出高电平，集成运放 A_2 处于反向饱和，输出低电平，于是二极管 VD_1 导通，VD_2 截止，输出受稳压管 VD_Z 的限制，则 u_o=+U_Z。其传输特性如图 4.29（b）所示。

4．集成电压比较器

集成电压比较器按电压比较器的个数可分为：单电压比较器、双电压比较器和四电压比较器。集成电压比较器可将模拟信号转换成二值信号，因此能用于 A/D 接口电路。与集成运放相比较，集成电压比较器开环增益低，失调电压大，共模抑制比小。但具有响应速度快、传输时间短，一般不需要外加限幅电路的特点，可直接驱动 TTL、CMOS 和 ECL 等电路。

集成电压比较器的常用参数如表 4-1 所示。

以通用型集成电压比较器 AD790 为例说明其基本接法。AD790 是具有 8 个管脚的芯片，管脚 1 外接正电源；管脚 2 为反相输入端；管脚 3 为同相输入端；管脚 4 外接负电源；管脚 5 为锁存控制端，当该端子为低电平时，锁存输出信号；管脚 6 是接地端；管脚 7 为输出端；管脚 8 是逻辑电源端，其取值确定负载所需的高电平。

型号	工作电源（V）	正电源电流（mA）	负电源电流（mA）	响应时间（ns）	输出方式	类型
AD790	±5 或±15	10	5	45	TTL/CMOS	通用
LM119	±5 或±15	8	3	80	OC，发射极浮动	通用
MC1414	+16 和-6	18	14	40	TTL，带选通	通用
MXA900	+5 或±5	25	20	15	TTL	高速
TCL374	2～18	0.75		650	漏极开路	低功耗

表 4-1 　　　　　　　　　　电压比较器的常用参数

5. 方波发生器

（1）工作原理和振荡波形

图 4.30 为方波信号发生器的电路图及波形图。由图 4.30（a）可看出，方波发生器就是在滞回电压比较器的基础上，在输出和反相端之间增加一条 RC 充放电反馈支路构成的。

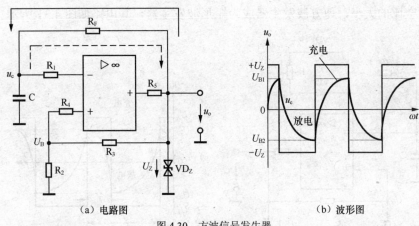

（a）电路图　　　　　　　　　（b）波形图

图 4.30　方波信号发生器

方波发生器输出端连接的双向稳压管对输出双向限幅，使 $u_o=\pm U_Z$。R_2 和 R_3 组成的正反馈电路为同相输入端提供基准电压 U_B；R_F、R_1 和 C 构成负反馈通道，为运放构成的方波发生器的反相输入端提供电压 u_c。集成运放接成滞回电压比较器，将负反馈通道的 u_c 与门限值 U_B 进行比较，根据比较结果决定输出电压 u_o 的状态，当 $u_c>U_B$ 时，$u_o=-U_Z$，当 $u_c<U_B$ 时，$u_o=+U_Z$。

工作原理：在运放通电瞬间，电路中存在微弱的冲击电流，由冲击电流造成的电干扰，通过正反馈的积累，可使方波发生器的输出电压迅速达到±U_Z。假设方波发生器开始工作时，$u_o=+U_Z$，此时电容 C 储能为 0。输出通过负反馈通道 R_F 向电容 C 充电，充电电流的方向如图 4.30（a）中实线箭头所示。随着充电过程的进行，u_c 按指数规律增大；与此同时，通过正反馈通道，在滞回比较器的同相输入端得到了基准电压 U_{B1}。

$$U_B = U_{B1} = +\frac{R_2}{R_2+R_3}U_Z$$

在 u_c 从 0 增大的充电过程中，不断地和基准电压相比较，当充电至数值等于 U_{B1} 时，滞回电压比较器状态发生翻转，$u_o=-U_Z$。通过正反馈通道，电路的基准电压迅速改变为：

$$U_B = U_{B2} = -\frac{R_2}{R_2+R_3}U_Z$$

于是滞回电压比较器反相端电位高于同相端基准电压（同时高于输出电压），电容器 C 经 R_F 放电，放电电流的方向如图 4.30（a）中的虚线箭头所示，u_c 按指数规律衰减。当 u_c 按指数规律放电结束为 0 时，u_c 仍高于输出电压和门限电平，因此继续通过 R_F 反向充电，电流方向不变，反向充电到数值等于 U_{B2} 时，方波发生器的输出 u_o 状态再次翻转，跃变为 $+U_Z$，门限电平通过正反馈通道又变为 U_{B1}，电容通过 R_F 又开始反向放电，反向放电的方向和正向充电的电流方向相同。如此周而复始，在方波发生器的输出端得到了连续的、幅值为 $\pm U_Z$ 的方波电压，其波形图如图 4.30（b）所示。

（2）占空比可调的方波发生器

方波发生器波形中的高电平时间 T_H 与周期 T 之比称之为占空比 q，即

$$q = \frac{T_H}{T} \tag{4-20}$$

显然，典型方波的占空比是 50%。在方波发生器电路中调节电容的充放电时间常数，可改变方波占空比的大小，使方波发生器成为矩形波发生器，其电路如图 4.31 所示。

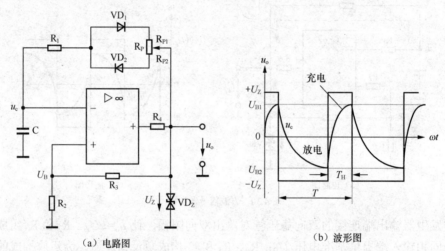

（a）电路图　　　　　　　　　　　（b）波形图

图 4.31　占空比可调的矩形波发生器

调节图 4.31（a）中的电位器 R_P，使 $R_{P1} > R_{P2}$，则电容的充放电时间常数将改变，从反向输入端流向输出的电流时间常数增大，从输出流向电容的电流时间常数减小，占空比减小，其输出波形如图 4.31（b）所示。

调节 R_{P1} 和 R_{P2} 的数值，只能改变占空比的大小，振荡频率不会发生变化。

4.2.3　文氏桥正弦波振荡器

文氏桥正弦波振荡器在各种电子设备中均得到广泛的应用。例如，无线发射机中的载波信号源，接收设备中的本地振荡信号源，各种测量仪器，如信号发生器、频率计、f_T 测试仪中的核心部分以及自动控制环节，都离不开文氏桥正弦波振荡器。

正弦波振荡器可分为两大类，一类是利用正反馈原理构成的反馈型振荡器，它是目前应用最多的一类振荡器；另一类是负阻振荡器，它是将负阻器件直接接到谐振回路中，利用负阻器件的负电阻效应抵消回路中的损耗，从而产生等幅

RC 正弦波振荡器

的自由振荡，这类振荡器主要工作在微波频段。

1．文氏桥的自激振荡条件

在放大器的输入端不加任何输入信号，其输出端仍有一定的幅值和频率的输出信号，这种现象称为自激振荡。

文氏桥正弦波振荡器属于通过正反馈连接方式实现等幅正弦振荡的电路。对文氏桥正弦波振荡器的性能要求主要有以下三点。

（1）保证振荡器接通电源后，能够从无到有建立起具有某一固定频率的正弦波输出。

（2）振荡器在进入稳态后能维持一个等幅连续的振荡。

（3）当外界因素发生变化时，电路的稳定状态不受到破坏。

显然，文氏桥正弦波振荡器首先应满足自激振荡的条件，自激振荡器大多由放大器和正反馈电路组成。

2．文氏桥的 RC 选频网络

正弦波振荡器为获得单一频率的正弦波输出，必须有一个选频网络。文氏桥正弦波振荡器电路中就含有和放大电路合而为一的正反馈选频网络。选频网络通常由 R、C 和 L、C 等电抗性元件组成，文氏桥正弦波振荡器的选频网络是由 R、C 串并联电路组成的，如图 4.32 所示。

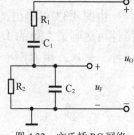

图 4.32　文氏桥 RC 网络

文氏桥的 RC 串并联选频网络跨接在正弦波振荡器输出的两端，其中由 R_2、C_2 组成的并联部分接在运算放大器的同相输入端形成正反馈。

实际的振荡电路一般不会外加激励信号，而是依据自激振荡产生振荡波。文氏桥正弦波振荡器也没有外加激励，但是当文氏桥中的运算放大器与直流电源相接通的瞬间，电路中必然会产生冲击电压或者冲击电流，这一瞬变过程造成放大电路的输出端出现了一个瞬时干扰信号，瞬时干扰信号中包含的频谱范围很广，其中必然包括振荡频率 f_0。如果设置选频网络的参数合适，当这个瞬时干扰信号经过 RC 选频网络选频后，只有 f_0 这一频率分量满足相位平衡条件，f_0 的频率成分就被选中，并通过正反馈送入放大器，将此频率成分的信号放大，建立起增幅振荡，而瞬时干扰信号中除了 f_0 之外，其他频率的分量则因未被选中，而被衰减和抑制掉。

那么，什么是相位平衡条件呢？

如果设置文氏桥正弦波振荡器中的 RC 选频网络的参数为 $R_1=R_2=R$，$C_1=C_2=C$，则选频网络的电路传输系数（反馈系数）为：

$$\dot{F} = \frac{\dot{U}_O}{\dot{U}_F} = \frac{R /\!/ \dfrac{1}{j\omega C}}{R + \dfrac{1}{j\omega C} + R /\!/ \dfrac{1}{j\omega C}} = \frac{1}{3 + j\left(\omega RC - \dfrac{1}{\omega RC}\right)}$$

当选频网络中选择出的信号角频率为 ω_0，且 $\omega_0 = \dfrac{1}{RC}$ 时，上式可改写为：

$$\dot{F} = \frac{1}{3 + j\left(\dfrac{\omega}{\omega_0} - \dfrac{\omega_0}{\omega}\right)} \tag{4-21}$$

式（4-21）所示的函数关系称为 RC 串并联选频网络的幅频特性，幅频特性曲线如图 4.33（a）所示。

选频网络的相频特性为：

$$\varphi = -\arctan \frac{\dfrac{\omega}{\omega_0} - \dfrac{\omega_0}{\omega}}{3} \qquad (4-22)$$

相频特性曲线如图 4.33（b）所示。

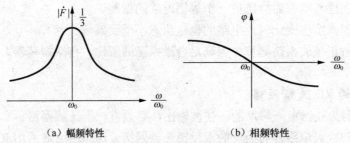

（a）幅频特性　　　　　　　　　（b）相频特性

图 4.33　RC 串并联选频网络的幅频特性和相频特性

由图 4.33 可看出，只有当信号频率 ω 等于选频网络的振荡频率 ω_0 时，选频网络的幅频特性可达到最大值的 1/3，此时正反馈量与输出量同相，对应的相移 $\varphi = 0$，这就是相位平衡条件。显然，电路产生自激振荡必须同时满足以下两个条件：

$$|AF| \geqslant 1, \quad 即 |A| \geqslant \frac{1}{|F|} = 3 \qquad (4-23)$$

$$\varphi_\mathrm{o} = \varphi_\mathrm{F} = 2n\pi \quad (n \text{ 为正整数}) \qquad (4-24)$$

式（4-23）称为选频网络的幅度平衡条件；式（4-24）称为选频网络的相位平衡条件。满足上述两个条件，文氏桥的 RC 串并联选频网络即具有选频作用。

幅度平衡条件中的 A 是指集成运算放大器的开环电压增益，其中的 F 是 RC 选频网络的传输函数。由于存在正反馈环节，因此当正弦波振荡电路正反馈量较强时，振荡过程会出现增幅，输出正弦波的幅度越来越大；而当正反馈量不足时，振荡过程又会出现减幅，如果减幅持续进行，必然造成停振。为此，文氏桥正弦波振荡器还必须有一个稳幅电路。

3．文氏桥正弦波振荡器

文氏桥正弦波振荡器的电路构成如图 4.34 所示。显然，文氏桥除了有与放大器合二为一的 RC 选频网络组成的正反馈通道外，还有起稳幅作用的负反馈通道。

集成运算放大器和电阻 R_F、R_1 组成的同相放大器作为基本放大电路，当 $\omega = \omega_0 = 1/RC$ 时，正反馈通道的反馈系数 $F=1/3$。如果 $R_\mathrm{F}=2R_1$，则同相放大器的放大倍数 $A_\mathrm{u}=3$，可满足自激振荡条件 $A_\mathrm{u}F=1$。同时，文氏桥 RC 选频网络中的 u_f 与 u_o 同相位，即 $\varphi_\mathrm{A} = 0°$，$\varphi_\mathrm{F} = 0°$，$\varphi_\mathrm{A} + \varphi_\mathrm{F} = 0°$，满足自激振荡的相位条件。所以该电路

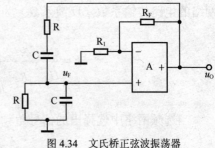

图 4.34　文氏桥正弦波振荡器

可以产生自激振荡，输出 u_o 是频率为 $f_0 = \dfrac{\omega_0}{2\pi} = \dfrac{1}{2\pi RC}$ 的正弦波。

上述正弦波振荡器没有外接信号源而自动产生正弦波，那么起始信号是怎么产生的呢？可以这样理解：当接通电源时，电路中会产生冲击电压和电流，因此在同相放大器的输出端会产生一个微小的输出电压信号。这个电压信号就是起始信号，是一个非正弦波，但是这个非正弦波中含有频率为f_0的正弦分量。如果这时$A_uF=1$，即$A_u>3$，则这个频率为f_0的正弦分量就被选频网络选出来并被放大，周而复始，使之幅度越来越大，而其它频率的分量被衰减，因而u_o中只含频率为f_0的正弦信号。

4．能自行起振的正弦波发生器

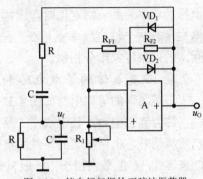

图 4.35　能自行起振的正弦波振荡器

根据上述分析，在正弦波振荡起振时，应使$A_u>3$；在起振后希望输出幅度稳定，这时应该使$A_u=3$；若输出幅度过大（如达到饱和），则应使$A_u<3$。也就是说，放大器的电压放大倍数应该能根据振幅自动调整，这种功能称为自动起振和稳幅，能自动起振和稳幅的电路有许多种，图4.35为一种利用二极管自动起振和稳幅的电路。

在图 4.35 中，将反馈电阻R_F分为两个电阻R_{F1}和R_{F2}，R_{F1}并联二极管VD_1和VD_2，将电阻R_1换成电位器变成可调电阻。在自激振荡过程中，总有一个二极管处于导电状态，当起振时，u_o的振幅较小，二极管中的电流也较小，由于二极管是非线性元件，因此对正向电流呈现的电阻R_D较大，与R_{F2}并联后的电阻较大，放大器的电压放大倍数：

$$A_u = 1 + \frac{R_{F1} + R_{F2} // R_D}{R_1} > 3$$（若不满足要求调节R_1）。随着u_o振幅的增大，二极管中的电流也增大，二极管的正向电阻R_D减小，并联电阻$R_{F2}//R_D$减小，因而使放大倍数A_u减小，维持$A_u=3$，使电路等幅振荡。若振幅过大，则R_D更小，使$A_u<3$，又可使振幅减小。因此，该电路可以自动起振和自动稳幅。

4.2.4　石英晶体振荡器

石英晶体振荡器是高精度和高稳定度的振荡器，不仅应用于彩电、计算机、遥控器等各类振荡电路中，还广泛应用于通信系统中的频率发生器、为数据处理设备产生时钟信号和为特定系统提供基准信号等。

石英晶体振荡器

1．石英晶体振荡器的结构

石英晶体振荡器是利用二氧化硅结晶体的压电效应制成的一种谐振器件，其基本结构、符号及产品外形如图 4.36 所示。

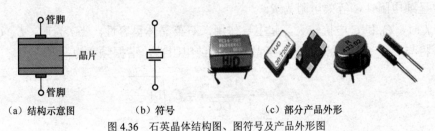

（a）结构示意图　　　（b）符号　　　（c）部分产品外形

图 4.36　石英晶体结构图、图符号及产品外形图

将二氧化硅结晶体按一定方位角切下正方形、矩形或圆形等薄片，简称为晶片，再将晶

片的两个对应表面抛光和涂敷银层作为电极，在两个电极上引出管脚加以封装，就构成石英晶体谐振器。石英晶体谐振器简称为石英晶体或晶体、晶振，其产品一般用金属外壳封装，也有用玻璃壳、陶瓷或塑料封装的。

2. 压电效应和压电振荡

若在石英晶体的两个电极上加一个电场，晶片就会产生机械变形。反之，若在晶片的两侧施加机械压力，则在晶片相应的方向上将产生电场，这种物理现象称为压电效应。

在一般情况下，无论是机械振动的振幅，还是交变电场的振幅都非常小。但当外加交变电压的频率为某一特定值时，振幅骤然增大，比其他频率下的振幅大得多，这种现象称为压电振荡。这一特定频率就是石英晶体的固有频率，也称压电振荡频率，压电振荡频率与 LC 回路的谐振现象十分相似。

3. 石英晶体的等效电路和振荡频率

石英晶体的等效电路如图 4.37（a）所示。当石英晶体不振动时，可等效为一个平板电容 C_0，称为静态电容，其值取决于晶片的几何尺寸和电极面积，一般为几至几十皮法。当晶片产生振动时，机械振动的惯性用电感 L 来等效。其值为几至几十毫亨。晶片的弹性可用电容 C 来等效，C 的数值很小，一般只有 0.0002~0.1pF。晶片的弹性晶片振动时，因摩擦而造成的损耗用 R 来等效，它的数值约为 100Ω。理想情况下 $R=0$。

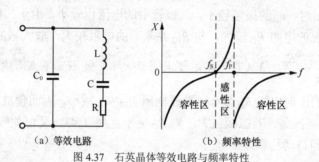

（a）等效电路 （b）频率特性

图 4.37　石英晶体等效电路与频率特性

由于晶片的等效电感很大，而 C 很小，R 也小，因此回路的品质因数 Q 很大，可达 1000~10000。加上晶片本身的谐振频率基本上只与晶片的切割方式、几何形状、尺寸有关，而且可以做得精确，因此利用石英谐振器组成的振荡电路可获得很高的频率稳定度。当等效电路中的 L、C、R 支路产生串联谐振时，该支路呈纯电阻性，等效电阻为 R，谐振频率为：

$$f_S = \frac{1}{2\pi\sqrt{LC}}$$

在谐振频率下，整个网络的阻抗等于 R 和 C_0 的并联值，因 $R<<\omega_0 C_0$，故可近似认为石英晶体也呈纯电阻性，等效电阻为 R。

当 $f<f_S$ 时，C_0 和 C 电抗较大，起主导作用，石英晶体呈容性。当 $f>f_S$ 时，L、C、R 支路呈感性，将与 C_0 产生并联谐振，石英晶体又呈纯电阻性，谐振频率为：

$$f_P = \frac{1}{2\pi\sqrt{L\dfrac{CC_0}{C+C_0}}} = f_S\sqrt{1+\frac{C}{C_0}}$$

由于 $C<0$，所以 $f_P \approx f_S$。

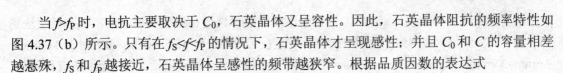

当 $f>f_\text{p}$ 时，电抗主要取决于 C_0，石英晶体又呈容性。因此，石英晶体阻抗的频率特性如图 4.37（b）所示。只有在 $f_\text{S}<f<f_\text{p}$ 的情况下，石英晶体才呈现感性；并且 C_0 和 C 的容量相差越悬殊，f_S 和 f_p 越接近，石英晶体呈感性的频带越狭窄。根据品质因数的表达式

$$Q \approx \frac{1}{R}\sqrt{\frac{L}{C}}$$

由于 C 和 R 的数值都很小，L 数值很大，所以 Q 值高达 $10^4 \sim 10^6$。频率稳定度 $\Delta f/f_0$ 可达 $10^{-8} \sim 10^{-6}$，采用稳频措施后可达 $10^{-10} \sim 10^{-11}$。而 LC 振荡器的 Q 值只能达到几百。频率稳定度只能达到 10^{-5}。

4．并联型石英晶体正弦波振荡电路

LC 正弦波振荡电路可以产生高频正弦波，广泛用于广播通信电路中。如果用石英晶体取代 LC 振荡电路中的电感，就得到并联型石英晶体正弦波振荡电路，如图 4.38 所示。

电路的振荡频率等于石英晶体的并联谐振频率。

5．串联型石英晶体振荡电路

图 4.39 为串联型石英晶体振荡电路。

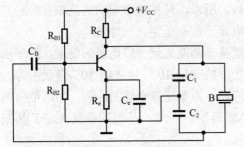

图 4.38　并联型石英晶体振荡电路

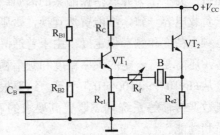

图 4.39　串联型石英晶体振荡电路

电容 C_B 为旁路电容，对交流信号可视为短路。电路的第一级为共基放大电路，第二级为共集电极放大电路。若断开反馈，给放大电路加输入电压，极性是上"+"下"−"；则 VT_1 管集电极动态电位为"+"，VT_2 管的发射极动态电位也为"+"。只有在石英晶体呈纯电阻性，即产生串联谐振时，反馈电压才与输入电压同相，电路才满足正弦波振荡的相位平衡条件。所以电路的振荡频率为石英晶体的串联谐振频率 f_S。调整 R_f 的阻值，可使电路满足正弦波振荡的幅值平衡条件。

6．石英晶体振荡器类型的特点

石英晶体振荡器由品质因数极高的石英晶体谐振器和振荡电路组成。石英晶体的品质、切割取向、晶体振子的结构及电路形式等，共同决定振荡器的性能。国际电工委员会（IEC）将石英晶体振荡器分为 4 类：普通晶体振荡（TCXO）、电压控制式晶体振荡器（VCXO）、温度补偿式晶体振荡（TCXO）和恒温控制式晶体振荡（OCXO）。目前发展中的还有数字补偿式晶体损振荡（DCXO）等。

普通晶体振荡器（SPXO）可产生 $10^{-5} \sim 10^{-4}$ 量级的频率精度，标准频率为 $1 \sim 100\text{MHz}$，频率稳定度为 $\pm 100\text{ppm}$。SPXO 没有采用任何温度频率补偿措施，价格低廉，通常用作微处理器的时钟器件。封装尺寸范围为 $5\text{mm} \times 3.2\text{mm} \times 1.5\text{mm} \sim 21\text{mm} \times 14\text{mm} \times 6\text{mm}$。

电压控制式晶体振荡器（VCXO）的精度是 $10^{-6} \sim 10^{-5}$ 量级，频率范围为 $1 \sim 30\text{MHz}$。低容差振荡器的频率稳定度为 $\pm 50 \times 10^{-6}$。通常用于锁相环路。封装尺寸为 $14\text{mm} \times 10\text{mm} \times 3\text{mm}$。

温度补偿式晶体振荡器（TCXO）采用温度敏感器件进行温度频率补偿，频率精度达到 $10^{-7}\sim10^{-6}$ 量级，频率范围为 $1\sim60MHz$，频率稳定度为 $\pm1\times10^{-6}\sim\pm2.5\times10^{-6}$，封装尺寸为 $11.4mm\times9.6mm\times3.9mm\sim30mm\times30mm\times15mm$。通常用于手持电话、蜂窝电话、双向无线通信设备等。

恒温控制式晶体振荡器（OCXO）将晶体和振荡电路置于恒温箱中，以消除环境温度变化对频率的影响。OCXO 频率精度是 $10^{-10}\sim10^{-8}$ 量级，对某些特殊应用甚至达到更高。频率稳定度在四种类型振荡器中最高。

7. 石英晶体振荡器的主要参数

石英晶振的主要参数有标称频率、负载电容、频率精度、频率稳定度等。

不同的石英晶振标称频率不同，标称频率大都标明在晶振外壳上。例如，常用普通晶振标称频率有：48kHz、500kHz、503.5kHz、$1\sim40.50MHz$ 等。对于特殊要求的晶振频率可达到 1000MHz 以上，也有的没有标称频率，如 CRB、ZTB、Ja 等系列。

负载电容是指晶振的两条引线连接 IC 块内部及外部所有有效电容之和，可看作电路中晶振片的串接电容。负载频率不同时，振荡器的振荡频率也不相同。标称频率相同的晶振，负载电容不一定相同。因为石英晶体振荡器有两个谐振频率，一个是串联谐振晶振的低负载电容晶振，另一个为并联揩振晶振的高负载电容晶振。所以，标称频率相同的晶振互换时必须要求负载电容一致，不能贸然互换，否则会造成电器工作不正常。

频率精度和频率稳定度：由于普通晶振的性能基本都能达到一般电器的要求，对于高档设备，还需要一定的频率精度和频率稳定度。频率精度从 10^{-10} 量级到 10^{-4} 量级不等。稳定度从 $\pm1\times10^{-6}\sim\pm100\times10^{-6}$ 不等。这要根据具体的设备需要选择合适的晶振，如通信网络，无线数据传输等系统就需要更高要求的石英晶体振荡器。因此，晶振的参数决定了晶振的品质和性能。

在实际应用中，要根据具体要求选择适当的晶振，不同性能晶振的价格相差很大，要求越高价格越贵。因此，选择时只要满足要求即可。

思考与练习

1. 集成运放的非线性应用主要有哪些特点？"虚断"和"虚短"的概念还适用吗？
2. 画出滞回比较器的电压传输特性，说明其工作原理。
3. 改变占空比的大小，振荡频率会随之发生变化吗？
4. RC 串并联选频网络在什么条件下具有选频作用？
5. 试述自激振荡的条件。
6. 何谓石英晶体的压电效应？什么是压电振荡？

4.3 集成运算放大器的选择、使用和保护

4.3.1 集成运算放大器的选择

集成运算放大器是模拟集成电路中应用最广泛的一种器件。在由运放组成的各种系统中，应用要求各不相同，所以对运放的性能要求也不同。在没有特殊要求的场合，尽量选用通用型集成运放，这样不仅能降低成本，还易于保证货源。当一个系统中使用多个运放时，尽可能选用多运放集成电路，例如，LM324、LF347 等都是将 4 个运放封装在一起的

集成电路。

评价集成运放性能的优劣，应看其综合性能。一般用优值系数 K 来衡量集成运放的优良程度，其定义为：

$$K = \frac{SR}{I_{ib} \cdot V_{OS}}$$

式中，SR 为转换率，单位为 V/s，其值越大，表明运放的交流特性越好；I_{ib} 为运放的输入偏置电流，单位是 nA；V_{OS} 为输入失调电压，单位是 mV。I_{ib} 和 V_{OS} 值越小，表明运放的直流特性越好。所以，对于放大音频、视频等交流信号的电路，选 SR 比较大的运放比较合适；对于处理微弱直流信号的电路，选用精度比较高的运放，即失调电流、失调电压及温漂均比较小的运放比较合适。

实际选择集成运放时，除优值系数要考虑之外，还应考虑其他因素。例如信号源的性质是电压源还是电流源；负载的性质，集成运放输出电压和电流的是否满足要求；环境条件，集成运放允许工作范围、工作电压范围、功耗与体积等因素是否满足要求等。

例如，低噪声运放及其典型应用技术的选择，以 AD797 为例。它是低噪声、场效应管输入（FET）的运算放大器，最大输入电压噪声最大值为 $50nV_{pp}$。

AD797 组成的低噪声电荷放大器如图 4.40 所示。

电路放大作用取决于运放输入端电荷的保持因素，要求电容 C_S 上的电荷能被传送到电容 C_F，形成输出电压 $\Delta Q/C_F$。在放大器输出端呈现的电压噪声等于放大器输入电压噪声乘以电路的噪声增益 $(1+(C_S/C_F))$。

该电路中存在 3 个重要的噪声源：运放的电压噪声、电流噪声和电阻 R_B 引起的电流噪声。该电路利用 "T" 形网络增大 R_B 的有效电阻值，改善了低频截止点，但不能改变低频时起支配作用的电阻 R_B 的噪声；须选择足够大的 R_B，尽可能减小该电阻对整个电路的噪声影响。

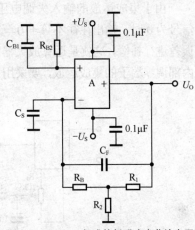

图 4.40 AD797 组成的低噪声电荷放大器

为了达到最佳特性，电路输入端要平衡信号源内阻（即由电阻 R_{B1} 来调整）和信号源电容（由电容 C_{B1} 调整）。当 C_{B1} 值大于 300pF 时，电路噪声能有效减小。

4.3.2 集成运算放大器的使用要点

1．集成运放的电源供给方式

集成运放有两个电源接线端 $+U_{CC}$ 和 $-U_{EE}$，但有不同的电源供给方式。不同电源供给方式对输入信号的要求不同。

（1）单电源供电方式

单电源供电是将运放的 $-U_{EE}$ 管脚连接到地上。此时为了保证运放内部单元电路具有合适的静态工作点，在运放输入端一定要加入一个直流电位，如图 4.41 所示。此时运放的输出是在某一直流电位基础上随输入信号变化。对于图 4.41 中的交流放大器，静态时，运算放大器的输出电压近似为 $V_{CC}/2$，为了隔离输出中的直流成分接入电容 C_3。

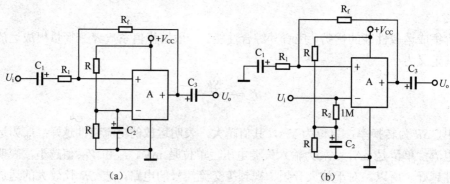

图 4.41　单电源接入方式

（2）对称双电源供电方式

运算放大器大多采用双电源供电方式。相对于公共端（地）的正电源端与负电源端分别接于运放的$+V_{CC}$和$-V_{EE}$管脚上。在这种方式下，可把信号源直接接到运放的输入脚上，而输出电压的振幅可达正负对称电源电压。

2．集成运放的调零问题

由于集成运放的输入失调电压和输入失调电流的影响，当运算放大器组成的线性电路输入信号为 0 时，输出往往不等于 0。为了提高电路的运算精度，要求对失调电压和失调电流造成的误差进行补偿，这就是运算放大器的调零。常用的调零方法有内部调零和外部调零，而对于没有内部调零端子的集成运放，要采用外部调零方法。下面以 μA741 为例，图 4.42 为常用调零电路。

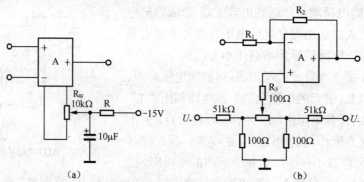

图 4.42　运算放大器的常用调零电路

其中图 4.42（a）为内部调零电路；图 4.42（b）是外部调零电路。

3．集成运放的自激振荡问题

运算放大器是一个高放大倍数的多级放大器，在接成深度负反馈条件下，很容易产生自激振荡。为使放大器能稳定地工作，需外加一定的频率补偿网络，以消除自激振荡。图 4.43 为消除自激振荡的相位补偿电路。

另外，防止通过电源内阻造成低频振荡或高频振荡的措施是在集成运放的正、负供电电源的输入端对地分别加入一个 10μF 的电解电容和一个 0.01～0.1μF 高频滤波电容。

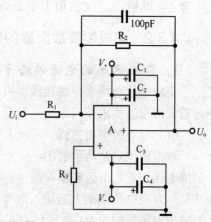

图 4.43　运算放大器的自激消除电路

4.3.3　集成运算放大器的保护

集成运算放大电路的保护与使用

集成运放的安全保护有 3 个方面：电源保护、输入保护和输出保护。

1．电源保护

电源的常见故障是电源极性接反和电压跳变。电源反接保护和电源电压突变保护电路如图 4.44 所示。

对于性能较差的电源，在电源接通和断开瞬间，往往出现电压过冲。图 4.44（b）中采用 FET 电流源和稳压管钳位保护，稳压管的稳压值大于集成运放的正常工作电压，而小于集成运放的最大允许工作电压。FET 管的电流应大于集成运放的正常工作电流。

2．输入保护

集成运放的输入差模电压过高或者输入共模电压过高（超出该集成运放的极限参数范围），集成运放也会损坏。图 4.45 为典型的输入保护电路。

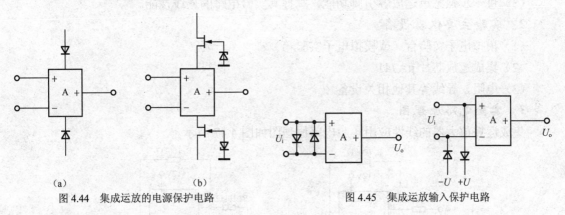

(a)	(b)

图 4.44　集成运放的电源保护电路　　　　图 4.45　集成运放输入保护电路

3．输出保护

图 4.46 为集成运算放大器输出过流保护电路，因某种原因（如输出短路等）使集成运放输出过流时，保护电路即成恒流源，使集成运放不至因输出电流过大而损坏。

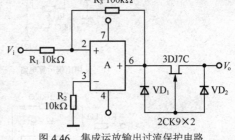

图 4.46　集成运放输出过流保护电路

图 4.46 中的场效应管 3DJ7C 接在集成运放输出端，采用近似恒流源接法。当电路工作正常时，场效应管呈现低阻抗，基本不影响电路的输出电压范围。当电路输出端短路时，场效应管呈现高阻抗，使电路输出电流得到了限制。

二极管 VD_1 的作用是在电能输出负电压时，与场效应管一起构成恒流源。VD_2 与 VD_1 相同，是在电路输出正电压时，与场效应管一起构成恒流源。

场效应管应取其饱和漏源电流 I_{DSS} 略大于集成运放输出电流的管子，因为大多数集成运放的输出电流都不超过 $\pm 10\text{mA}$，所以可选用如 3DJ6H、3DJ7G 等管子。I_{DSS} 不能过大或过小，如果 I_{DSS} 过大，则保护作用会减弱，I_{DSS} 过小，在集成运放输出电流稍大时，恒流源阻抗增大，限制了电路的输出幅度范围。

当电路输出幅度不大、负荷较轻时，用一个 500Ω 左右的电阻代替场效应管，也能取得理想的效果。

思考与练习

1. 实际选用集成运放时，应考虑哪些因素？
2. 使用集成运算放大器时，应注意哪些问题？
3. 集成运算放大器的安全保护包括哪几个方面？

能 力 训 练

集成运算放大器的线性应用电路实验

1. 实验目的

（1）进一步巩固和理解集成运算放大器线性应用基本运算电路的构成及功能。
（2）加深对线性应用的运算放大器工作特点的理解。
（3）进一步熟悉单运放各引脚功能，掌握其实验电路的连线技能。

2. 实验主要仪器设备

（1）模拟电子实验台（或模拟电子实验箱）　　　一套
（2）集成运放芯片 μA741　　　　　　　　　　两只
（3）电阻、导线等其他相关设备

3. 实验电路原理图

集成运算放大器的线性应用实验电路原理图如图 4.47 所示。

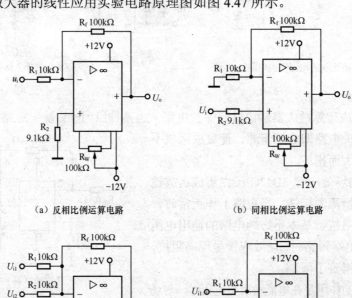

（a）反相比例运算电路　　　（b）同相比例运算电路

（c）反相加法运算电路　　　（d）减法运算电路

图 4.47　集成运算放大器的线性应用实验电路原理图

4．实验原理

（1）集成运放管脚排列图的认识。图 4.48 所示的集成运放 μA741 除了有同相、反相两个输入端外，还有两个 ±12V 的电源端，一个输出端，另外还留出外接大电阻调零的两个端口，是多脚元件。

图 4.48　集成运放
μA741

管脚 2 为运放的反相输入端，管脚 3 为同相输入端，这两个输入端对于运放的应用极为重要，实际应用中和实验时注意绝对不能接错。

管脚 6 为集成运放的输出端，实际应用中与外接负载相连；实验时接示波器探针。

管脚 1 和管脚 5 是外接调零补偿电位器端，集成运放的电路参数和晶体管特性不可能完全对称，因此，在实际应用当中，若输入信号为 0 而输出信号不为 0，就需要调节管脚 1 和管脚 5 之间电位器 R_W 的数值，调至输入信号为 0、输出信号也为 0 时方可。

管脚 4 为负电源端，接 -12V 电位；管脚 7 为正电源端，接 +12V 电位，这两个管脚都是集成运放的外接直流电源引入端，使用时不能接错。

管脚 8 是空脚，使用时可以悬空处理。

（2）实验中各运算电路在图 4.47 所示的参数设置下，相应运用公式如下。

图 4.47（a）：$U_o = -\dfrac{R_f}{R_1}U_i$　　　　　　　平衡电阻 $R_2 = R_1 // R_f$

图 4.47（b）：$U_o = \left(1 + \dfrac{R_f}{R_1}\right)U_i$　　　　　平衡电阻 $R_2 = R_1 // R_f$

图 4.47（c）：$U_o = -\left(\dfrac{R_f}{R_1}U_{i1} + \dfrac{R_f}{R_2}U_{i2}\right)$　　　$R_3 = R_1 // R_2 // R_f$

若 $R_1 = R_2 = R_f$，则 $U_o = -(U_{i1} + U_{i2})$

图 4.47（d）当 $R_1 = R_2$，$R_3 = R_f$ 时，　$U_o = \dfrac{R_f}{R_1}(U_{i2} - U_{i1})$

若 $R_1 = R_2 = R_3 = R_F$，则 $U_o = (U_{i2} - U_{i1})$

5．实验步骤

（1）认识集成运放各管脚的位置，小心插放在实验台芯片座中，使之插入牢固。切忌管脚位置不能插错，正、负电源极性不能接反等，否则将会损坏集成块。

（2）在实验台（或实验箱）直流稳压电源处调出 +12V 和 -12V 两个电压接入实验电路的芯片管脚 7 和管脚 4，除固定电阻外，可变电阻用万用表欧姆挡调出电路所需数值，与对应位置相连。

（3）按照图 4.47（a）电路连线。连接完毕首先调零和消振：使输入信号为 0，然后调节调零电位器 R_W，用万用表直流电压挡监测输出，使输出电压也为 0。

（4）输入 $U_i = 0.5V$ 的直流信号或 $f = 100Hz$，$U_i = 0.5V$ 的正弦交流信号，连接与固定电阻 R_1 的一个引出端，R_1 的另一个引出端与反相端相连。

（5）观测相应电路输出 U_o 的输出及示波器波形，验证输出是否对输入实现了比例运算，将相关数据记录下来。

（6）分别按照图 4.47（b）、图 4.47（c）和图 4.47（d）各实验电路连接观测，认真分析电路输出和输入之间的关系是否满足各种运算，逐一记录下来。

6. 思考题

（1）实验中为何要对电路预先调零？不调零对电路有什么影响？

（2）在比例运算电路中，R_f 和 R_1 的大小对电路输出有何影响？

集成运放应用电路的识图、读图方法

在无线电设备中，集成电路的应用越来越广泛，对集成运放应用电路的识图是电路分析的重点，也是难点之一。

1. 集成电路应用电路图功能

特殊集成运算放大电路

集成电路应用电路图具有以下功能。

（1）表达集成电路各引脚外的电路结构、元器件参数等，从而表示整个集成电路的完整工作情况。

（2）有些集成芯片的应用电路中画出了集成芯片的内电路方框图，这对分析集成芯片应用电路相当方便，但是这种表示方式不多。

（3）集成芯片应用电路有典型应用电路和实用电路两种，前者在集成电路手册中可以查到，后者出现在实用电路中，这两种应用电路相差不大，根据这一特点，在没有实际应用电路图时，可以用典型应用电路图作参考，这一方法在集成电路维修中经常采用。

（4）在一般情况下，集成芯片应用电路表达了一个完整的单元电路或一个电路系统，但在实际使用中，一个完整的电路系统常常要用到两个或更多的集成芯片。

2. 集成芯片应用电路图的特点

集成芯片应用电路图具有下列特点。

（1）大部分应用电路不画出内电路方框图，这对识图不利，尤其是初学者在分析电路原理的分析时更为不利。

（2）初学者分析集成芯片的应用电路，要比分析分立元器件的电路更为困难，原因是初学者对集成芯片内部电路不太了解。实际上，识图也好、修理也好，集成电路比分立元器件的电路更为方便。

（3）在大致了解集成芯片的内部电路和详细了解各引脚作用的情况下，再进行识图比较方便。因为，同类型集成电路具有一定的规律性，掌握它们的共性后，可以比较方便地分析许多同功能、不同型号的集成芯片应用电路。

3. 集成芯片应用电路识图方法和注意事项

分析集成电路的方法和注意事项主要有下列几点。

（1）了解各引脚的作用是识图的关键

了解各引脚的作用可以查阅有关集成电路应用手册。知道了各引脚作用之后，分析各引脚外电路工作原理和元器件的作用就方便了。例如，知道①脚是输入引脚，那么与①脚串联的电容是输入端耦合电路，与①脚相连的电路是输入电路。

（2）了解集成电路各引脚作用的 3 种方法

了解集成电路各引脚作用有 3 种方法：一是查阅有关资料；二是根据集成电路的内电路方框图进行分析；三是根据集成电路的应用电路中各引脚外电路的特征进行分析。第三种方法要求有比较好的电路分析基础。

（3）电路分析步骤

集成芯片应用电路分析步骤如下。

① 直流电路分析。这一步主要是分析电源和接地引脚外电路。

 注 意

有多个电源引脚时，要分清这几个电源之间的关系，例如是否是前级、后级电路的电源引脚，或是左、右声道的电源引脚；对多个接地引脚也要这样分清。分清多个电源引脚和接地引脚，对电路故障检修很有用。

② 信号传输分析。这一步主要分析信号输入引脚和输出引脚外电路。当集成电路有多个输入、输出引脚时，要清楚是前级还是后级电路的输出引脚；对于双声道电路还需分清左、右声道的输入和输出引脚。

③ 其他引脚外电路分析。例如，找出负反馈引脚、消振引脚等，这一步的分析是最困难的，初学者要借助引脚作用资料或内电路方框图。

④ 有了一定的识图能力后，要学会总结各种功能集成电路的引脚外电路规律，并掌握这种规律，这对提高识图速度有用。例如，输入引脚外电路的规律是：通过一个耦合电容或一个耦合电路与前级电路的输出端相连；输出引脚外电路的规律是：通过一个耦合电路与后级电路的输入端相连。

⑤ 分析集成电路的内电路对信号的放大、处理过程时，最好查阅该集成电路的内电路方框图。分析内电路方框图时，可以通过信号传输线路中的箭头指示，知道信号经过了哪些电路的放大或处理，最后信号从哪个引脚输出。

⑥ 了解集成电路的一些关键测试点、引脚直流电压规律对检修电路十分有用。OTL 电路输出端的直流电压等于集成电路直流工作电压的一半；OCL 电路输出端的直流电压等于 0V；BTL 电路两个输出端的直流电压相等；单电源供电时，等于直流工作电压的一半，双电源供电时，等于 0V，等等。当集成电路两个引脚之间接有电阻时，该电阻将影响这两个引脚上的直流电压；当两个引脚之间接有线圈时，这两个引脚的直流电压是相等的，不等时必定是线圈出现开路故障；当两个引脚之间接有电容或接 RC 串联电路时，这两个引脚的直流电压肯定不相等，若相等，则说明该电容已经被击穿。

⑦ 一般情况下不要分析集成电路的内电路工作原理，这是相当复杂的。

4．读图训练

（1）自动选曲电路

图 4.49 为高档磁带机自动选曲电路，电路中的输入电压是交流选曲信号，K_1 是插棒式继电器，VT_6 是 K_1 的驱动管，只有 VT_6 集电极电流通过线圈 K_1，继电器触点吸合才有电流流过。

仔细阅读图示电路后回答下列问题。

① 三极管 VT_1 构成什么组态的电路？

② 电阻 R_4 是三极管 VT_2 的基极偏置电阻吗？

③ 二极管 VD_1 有什么作用？

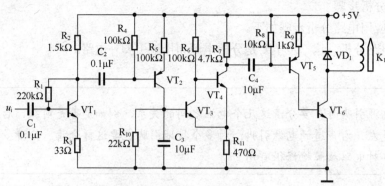

图 4.49　自动选曲电路

④ 如果 VT_5 截止，VT_6 会导通吗?

⑤ 电路工作原理：电路进入选状态时，磁头快速搜索在有节目的磁带上，选曲信号 u_i 幅度足够大，电路中 VT_5 和 VT_6 截止，K_1 不动作，机器处于选曲时的快速搜索状态；当磁头搜索到无节目的空白段磁带时，u_i 幅度减小，VT_6 导通，K_1 线圈中有电流流过而动作，释放快进或快退键，终止选曲状态，机器进入自动放音状态，完成自动选曲功能。

（2）具有增益的有源天线

具有增益的有源天线电路如图 4.50 所示。

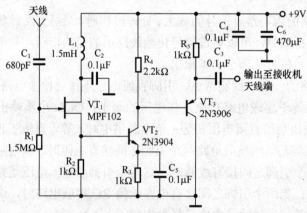

图 4.50　具有增益的有源天线电路

电路频率范围为 100kHz～30MHz，电路的电压增益为 12～18dB。

（3）典型集成运放单元电路实例

图 4.51 为第二代双极型通用运算放大器 μA741 单运放的内部原理图。图中用虚线标出了电路的输入级、中间级、输出级和偏置电路等 4 个主要组成部分。仔细阅读电路图，回答下列问题。

① 输入级电路主要由哪些晶体管组成？何种形式？输入级电路具有哪些特点？

② 中间级电路主要由哪些晶体管组成？有何特点？为什么采用这种特点的电路？

③ 输出级主要由哪些晶体管组成？电路有何特点？在 VT_{23} 的射极回路接入 VT_{18}、VT_{19} 和 R_8 的作用是什么？

④ 偏置电路主要由哪些晶体管组成？

⑤ 该集成电路除了输入级、中间级、输出级和偏置电路四部分之外，还具有保护电路部分，试找出电路中起保护作用的晶体管。

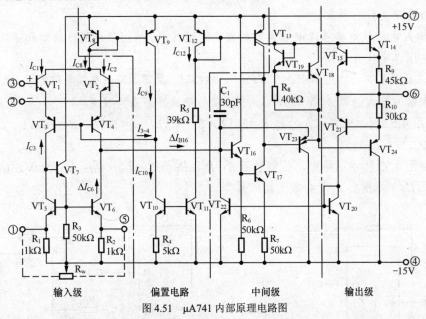

图 4.51　μA741 内部原理电路图

5. 集成运算放大器国内外型号对照表（见表 4-2）

表 4-2　　　　　　　　　　　集成运算放大器国内外型号对照表

名　称	型号	相同产品型号		类同产品型号	
		国内	国外	国内	国外
通用 II 型运算放大器	4E304 5G23	F005 F004 DL792			
高速运算放大器	4E321 4E502			F054 F050	μA722
通用 III 型运算放大器	5G24 4E322	F007	μA741	F006	
高精度运算放大器	4E325	FC72		F030	AD508
通用 I 型运算放大器	5G922	BG301 8FC1		F001 7XC1	μA70
低功耗运算放大器	5G26	F012			
高阻抗运算放大器	5G28	F076			

| 第四单元　习题 |

1. 集成运放一般由哪几部分组成？各部分的作用如何？

2. 集成运放工作在线性区的必要条件是什么？具有什么特点？

3. 集成运放工作在非线性区的必要条件是什么？具有什么特点？

4. 典型反相比例运算电路和典型同相比例运算电路的反馈类型有何相同？有何不同？

5. 简述带通滤波器和带阻滤波器的不同之处。

6. 正弦波振荡电路的起振条件和稳定振荡条件有何异同？当电路不能满足稳定振荡的条件时，电路会产生什么现象？

7. 在输入电压从足够低逐渐增大到足够高的过程中，单门限电压比较器和滞回电压比较器的输出电压各变化几次？

8. 在文氏桥基本放大电路中，当 $\omega = \omega_0 = 1/RC$ 时，反馈回路的反馈系数 $F=$？如果 $R_F=2R_1$，则同相放大器的放大倍数 A_u 等于多大，才可满足自激振荡条件 $A_u F \geqslant 1$？

9. 在图 4.52 所示电路中，已知 $R_1=2\text{k}\Omega$，$R_f=5\text{k}\Omega$，$R_2=2\text{k}\Omega$，$R_3=18\text{k}\Omega$，$U_i=1\text{V}$，求输出电压 U_o。

10. 在图 4.53 所示电路中，已知电阻 $R_1=R_2$，$R_F=5R_1$，输入电压 $U_{i1}=5\text{mV}$，$U_{i2}=10\text{mV}$，求输出电压 U_o，并指出 A_1、A_2 放大器的类型。

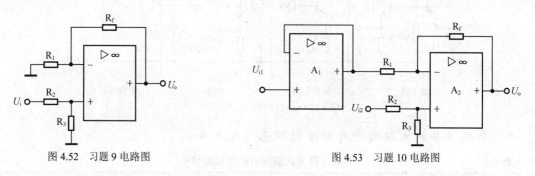

图 4.52 习题 9 电路图   图 4.53 习题 10 电路图

11. 图 4.54 为文氏电桥 RC 振荡电路，回答以下问题。

（1）C_1、C_2，R_1、R_2 在数值上的关系是什么？

（2）R_f、R_3 在数值上的关系是什么？

（3）如何保证集成运放输出正弦波失真最小？

（4）该电路的振荡频率为多少？在实际应用中如何改变频率？

12. 在图 4.55 所示的电路中，已知 $R_F=2R_1$，$u_i=-4\text{V}$，试求输出电压 u_o。

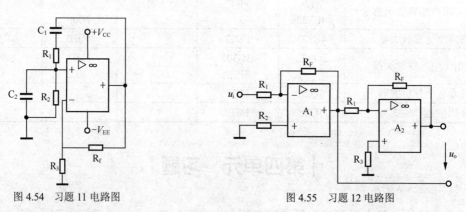

图 4.54 习题 11 电路图   图 4.55 习题 12 电路图

13. 集成运放应用电路如图 4.56 所示，当 $t=0$，$u_C=0$ 时，试写出 u_o 与 u_{i1}、u_{i2} 之间的关系式。

14. 电路如图 4.57 所示，用逐级求输出电压的方式，以及输出电压 U_o 的表达式。

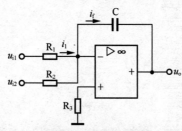

图 4.56 习题 13 电路图

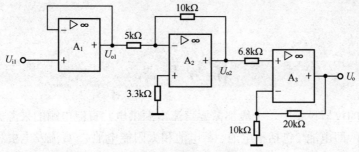

图 4.57 习题 14 电路图

15. 电路如图 4.58 所示，已知集成运放输出电压的最大幅值为±15V，稳压管 U_Z=8V，若 U_R=4V，u_i=10sinωtV，试画出输出电压的波形。

16. 由理想运放组成的电路如图 4.59 所示，试求出输出与输入的关系式。若 R_1=5kΩ，R_2=20kΩ，R_3=10kΩ，R_4=50kΩ，$u_{i1}-u_{i2}$=0.2V，求 u_o 的值。

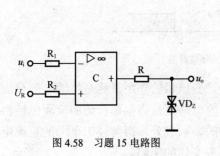

图 4.58 习题 15 电路图

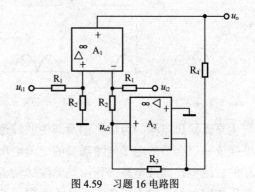

图 4.59 习题 16 电路图

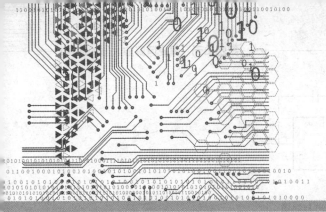

第五单元
直流稳压电源

在电子电路的仪器设备中，一般都需要直流电源供电。直流电源的来源大致分为三种，即电池（包括干电池、蓄电池和太阳能电池）、直流发电机和利用电网提供的 50Hz 的工频交流电经过整流、滤波和稳压后获得的直流电源。在电子技术的应用电路中，除少数小功率便携式系统采用化学电池作为直流电源外，绝大多数都采用上述第 3 种电源形式，这种电源形式称为直流稳压电源。

图 5.1 为小功率直流稳压电源的组成框图。

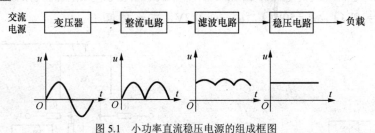

图 5.1 小功率直流稳压电源的组成框图

由直流稳压电源的组成框图及其中的波形图来看，变压器的作用显然是将输入的交流电压变换成幅值合适的电子电路需要的交流电压值。整流电路则是将幅值合适的交流电转换为脉动的直流电，滤波电路的作用是滤除脉动直流电中的高频成分，得到较为平滑的直流电，而稳压电路可稳定输出电压，使之不受电网波动或负载变化的影响。

学习直流稳压电源，就是要了解电子电路中为什么要采用直流稳压电源，直流稳压电流的稳压过程。学会分析串联型、并联型、开关型直流稳压电源的工作原理，在此基础上掌握测试直流稳压电源性能参数的方法和技能，并能根据测试参数分析直流稳压电源的质量，学会装接简单的直流稳压电源。

5.1 小功率整流滤波电路

大功率直流稳压电源的电能一般从三相交流电源获取，小功率的直流电源由于功率比较小，其电能通常从单相交流供电获取。

5.1.1 整流电路

整流电路的功能是将交流电压变换成直流脉动电压。整流电路的类型有以下几种分法：按电源相线数可分为单相整流和三相整流；按输出波形可分为半波整流和全波整流；按所用器件可分为二极管整流和晶闸管整流；按电路结构可分为桥式整流和倍压整流。这里主要介绍单相二极管半波整流电路和桥式全波整流电路。

单相半波整流电路

1．单相半波整流电路

单相半波整流电路如图 5.2 所示，由变压器 T、整流二极管 VD 和负载电阻 R_L 组成。

设变压器副边电压 $u_2 = \sqrt{2}U_2 \sin \omega t$。根据二极管的单向导电性，在 u_2 的正半周，加在电路中电压的极性为上正下负，二极管正向偏置而导通。当 u_2 的幅值 U_{2m} 与二极管的正向压降（取 0.7V）相比较大时，二极管的正向压降可以忽略，此时输出电压 $u_{o(av)} = u_2$，负载电流 $i_{o(av)} = u_{o(av)} / R_L$；在 u_2 的负半周时，变压器副边极性转变为上负下正，二极管受反向电压而截止。如果忽略二极管的反向饱和电流，则输出电压 $u_o = 0$。单相半波整流电路的输入、输出波形如图 5.3 所示。

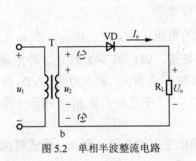

图 5.2 单相半波整流电路

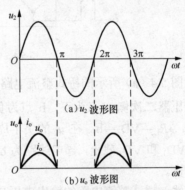

(a) u_2 波形图

(b) u_o 波形图

图 5.3 单相半波整流电路波形图

由图 5.3 可知，二极管半波整流电路的输出电压波形是单方向的，但是其大小仍随时间变化，因此称为脉动直流电。

脉动直流电的大小一般用平均值来衡量，单相半波整流电路输出电压的平均值为：

$$U_{o(AV)} = \frac{1}{2\pi} \int_0^\pi \sqrt{2}U_2 \sin \omega t \mathrm{d}\omega t = \frac{\sqrt{2}}{\pi}U_2 \approx 0.45U_2 \qquad (5\text{-}1)$$

流过二极管的平均电流 $I_{D(AV)}$ 与流过负载的平均电流 I_L 相等，即：

$$I_{L(AV)} = I_{D(AV)} = 0.45\frac{U_2}{R_L} \qquad (5\text{-}2)$$

由波形图可知，二极管在截止时，承受的反向峰值电压 U_{RM} 为 u_2 的最大值，即

$$U_{DRM} = \sqrt{2}U_2 \qquad (5\text{-}3)$$

构建二极管半波整流电路时，主要根据二极管的最大反向峰值电压和流过二极管的平均

电流确定和选购二极管。为使用安全考虑，器件的参数选择需留有一定的余地，因此选择二极管的最大整流电流 I_F 时，至少应等于计算出的二极管中通过的电流平均值的 3 倍，反向峰值电压应为 u_2 最大反向峰值电压的 2 倍左右。

单相半波整流电路使用元件少，电路结构简单，输出电流适中，由于只有半个周期导电，因此输出电压的脉动较大，整流效率低，变压器存在单向磁化等问题。因此，单相半波整流电路常用于整流电流较小、对脉动要求不高的电子仪器和家用电器中。

2．单相桥式整流电路

为了避免单相半波整流电路的缺点，可采用单相桥式整流电路。单相桥式整流电路由 4 个二极管接成电桥形状，故而称为桥式整流电路。图 5.4 为桥式整流电路的几种画法。

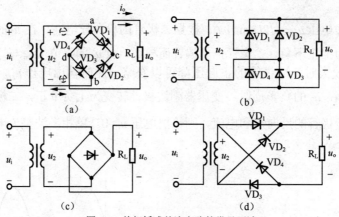

图 5.4　单相桥式整流电路的常见画法

设图 5.4（a）所示的桥式整流电路中变压器二次侧的电压 $u_2 = \sqrt{2}U_2 \sin \omega t$，在 u_2 的正半周，变压器二次侧 a 点为正，b 点为负，VD_1 和 VD_3 导通，VD_2 和 VD_4 截止，导电线路为 a→VD_1→R_L→VD_3→b；在 u_2 的负半周，变压器二次侧的 b 点为正，a 点为负，VD_2 和 VD_4 导通，VD_1 和 VD_3 截止，导电线路为 b→VD_2→R_L→VD_4→a。于是在负载 R_L 上得到一个全波整流输出。

显然，桥式整流电路的输出电压是半波整流电路输出电压的 2 倍，因此，桥式整流电路输出电压的平均值为

$$U_{O(AV)} \approx 0.9U_2 \tag{5-4}$$

在桥式整流电路中，由于每只二极管只导通半个周期，故每只二极管上通过的电流平均值仅为负载电流的一半，即

$$I_{D(AV)} = \frac{I_{L(AV)}}{2} \approx \frac{0.9U_2}{2R_L} = 0.45\frac{U_2}{R_L} \tag{5-5}$$

在 u_2 的正半周，VD_1 和 VD_3 导通，将它们看作短路，这样 VD_2 和 VD_4 就并联在 u_2 两端，承受的最大反向峰值电压 U_{DRM} 为

$$U_{DRM} = \sqrt{2}U_2 \tag{5-6}$$

同理，在 u_2 的负半周，VD_2 和 VD_4 导通，将它们看作短路，这样 VD_1 和 VD_3 相当于并

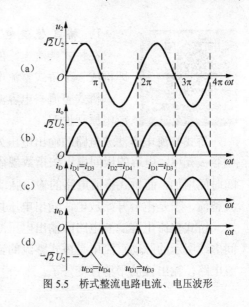

联后接在 u_2 两端，承受的最大反向峰值电压 $U_{DRM} = \sqrt{2}U_2$。二极管中通过的电流和它们承受的电压如图 5.5 所示。

桥式整流和半波整流相比，输出电压提高，脉动成分减小，因此得到广泛应用。

集成的整流器件有半桥堆和全桥堆两种，其中半桥堆及其结构组成、工作原理如图 5.6 所示。

显然，一个半桥堆是由两个二极管组成的，对外有三根引线。由图 5.6（c）所示的原理图可看出，两个二极管的阴极中间引线通过负载 R_L 与电源变压器二次侧的中间抽头相连，两个二极管的阳极引线分别接在变压器二次侧的两端。在 u_2 正半周，二极管 VD_1 导通、VD_2 截止，电流自上而下流过负载 R_L；在 u_2 负半周，二极管 VD_2 导通、VD_1 截止，电流仍能自上而下流过负载 R_L，使负载得到了全波整流。

图 5.5　桥式整流电路电流、电压波形

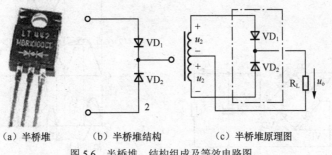

（a）半桥堆　　（b）半桥堆结构　　（c）半桥堆原理图

图 5.6　半桥堆、结构组成及等效电路图

全桥堆是硅整流桥的管芯按所需方式连接成整流桥后，密封在壳体中，用环氧树脂浇灌密封、塑料密封或金属密封，有些全桥堆的散热器与壳体成为一体，有的全桥堆则另加装散热器。密封后的全桥堆有交流输入端子和直流输出端子共计 4 根外引线，图 5.7（a）所示的产品上两侧的 +、- 标志，是在连接电路时与负载相连接的引线，中间 AC 标志的 2 根引线则要与电源变压器的二次侧相连，这 4 根外引线不能接错。全桥堆具有体积小、使用方便、装配简单等优点，缺点是其中的器件有个别损坏时难以更换。

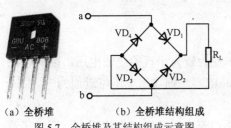

（a）全桥堆　　　（b）全桥堆结构组成

图 5.7　全桥堆及其结构组成示意图

5.1.2　滤波电路

整流电路的输出是脉动的直流电压，含有较大的谐波成分，不适合电子电路使用。为减小整流输出的脉动性，需要采用滤波电路将整流输出中的高频成分滤除，以改善输出直流电压的平滑性。

直流电源常用的滤波电路有电容滤波、电感滤波和 Π 型滤波等多种形式。

电容滤波电路

1. 桥式整流电容滤波电路

在桥式整流电路的输出端与负载之间并联一个较大容量的电解电容，即构成一个桥式整流电容滤波电路，如图5.8所示。

桥式整流、电容滤波电路适用于滤电流负载电路，其滤波原理可用充放电原理说明。

桥式整流电容滤波电路的输出电压为u_c，且$u_o=u_c$。当电容极间电压小于整流电路输出时，电容被充电，电容的极间电压按指数规律增加，增加的快慢程度由时间常数$\tau = R_L C$决定；u_c随时间增加，而桥式整流电路的输出脉动整流增至最大开始减小时，电容电压u_c大于脉动全波整流，于是电容开始放电，输出电压按指数规律下降。

桥式整流电容滤波电路的输出电压波形如图5.9所示。图中上边为正弦波u_2的波形，中间虚线所示的脉动直流电是桥式整流的输出波，实线是滤波电路的输出波形。显然，经过滤波电路，输出波的平滑性变好了。

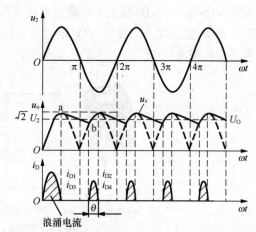

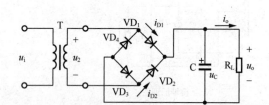

图5.8 含有电容滤波的桥式整流电路　　　图5.9 桥式整流电容滤波电路的电压、电流波形

电容滤波电路为使滤波效果良好，一般把时间常数的值取大一些，通常选取$\tau = R_L C \approx (3\sim5)T/2$。式中$T$为交流电压$u_2$的周期。即

$$C = \frac{(3\sim5)T/2}{R_L} \tag{5-7}$$

由输出电压的波形可以看出，经滤波后的输出电压变为较为平直的纹波电压，因此输出电压的平均值得到很大提高，如果按式（5-7）选择滤波电容，则输出电压可近似为

$$U_{O(AV)}\approx 1.2U_2 \tag{5-8}$$

在含有滤波电容的桥式整流电路中，由于滤波电容C充电时的瞬时电流很大，形成了浪涌电流，如图5.9最下边所示波形。浪涌电流极易损坏二极管，因此，在选择二极管时，必须留有足够的电流裕量。一般可按3倍以上的输出电流来选择二极管。

【**例5.1**】 单相桥式整流滤波电路如图5.10所示。若$u_2 =100\sin314t$V，负载电阻$R_L= 50\Omega$，则

（1）选取滤波电容C的大小。

（2）估算输出电压和输出电流的平均值。

（3）选择二极管参数。

解：（1）变压器输出电压为工频电压，因此周期 $T=0.02$s，应选择滤波电容为

$$C \geq \frac{(3 \sim 5)0.02}{2R_L} = 600 \sim 1000\mu F$$

由于滤波电容的数值越大，时间常数越大，滤波效果就越好的缘故，通常可选取 $1000\mu F$ 的电解电容作为电路的滤波电容。

（2）输出电压的平均值

$$U_{O(AV)} \approx 1.2U_2 = 1.2 \times 0.707 \times 100 \approx 84.8V$$

输出电流的平均值

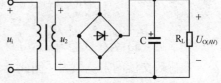

图 5.10　单相桥式整流电容滤波电路

$$I_{O(AV)} = U_{O(AV)} / R_L = \frac{84.8}{50} \approx 1.70A$$

（3）二极管承受的反向电压应等于变压器副边电压的最大值，即等于 100V。二极管的平均电流应等于输出电流平均值的二分之一，即 $I_{D(AV)} = 1.7/2 \approx 0.85A$。

选择二极管参数时，要留有裕量，将上述计算值再乘以一个安全系数，一般选取二极管的反向峰值电压为二极管反向电压的 2 倍，应选取 200V。

桥式整流电路加入滤波电容后，二极管只在电容充电时才导通，导通时间不足半个周期，致使平均值加大，且滤波电容越大，二极管的导通时间越短，在很短的时间内流过一个很大的电流，即前面讲到的浪涌电流，为防止二极管由于浪涌电流而损坏，选择二极管的最大整流电流为二极管中通过的平均电流的 3 倍，即选择二极管的平均电流

$$I_F = 3I_{D(AV)} = 3 \times 0.85 \approx 2.55A$$

因此，本例应选择 $U_{DRM}=200V$，$I_F=2.55A$ 的整流二极管（如型号为 2CZ56D 的硅整流二极管）。

2．桥式整流电感滤波电路

在桥式整流电路与负载之间串接一个电感线圈 L，就构成一个含有电感滤波环节的桥式整流电感滤波电路，如图 5.11 所示。

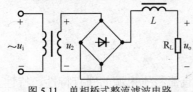

图 5.11　单相桥式整流滤波电路

在桥式整流电感滤波电路中，若忽略电感线圈的电阻，根据电感的频率特性可知，频率越高，电感的感抗值越大，对整流电路输出电压中的高频成分压降就越大，而全部直流分量和少量低频成分则降在负载电阻上，从而起到了滤波作用。

当忽略电感线圈的直流电阻时，桥式整流电感滤波电路输出的平均电压约为

$$U_{O(AV)} \approx 0.9U_2 \qquad (5-9)$$

电感滤波的特点是峰值电流很小，输出纹波电压比较平滑，但是由于线圈铁心的存在，体积大而笨重，所以只适用于低电压、大电流的负载电路，

电感滤波电路

3．桥式整流 π 型滤波电路

上述电容滤波器和电感滤波器都属于一阶无源低通滤波器，滤波效果一般。若希望获得

更好的滤波效果，则应采用二阶无源低通滤波器，如图 5.12 所示。

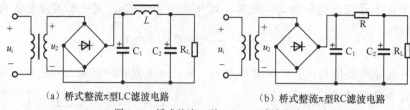

（a）桥式整流π型LC滤波电路　　　　　　　（b）桥式整流π型RC滤波电路

图 5.12　桥式整流 π 型 LC、RC 滤波电路

图 5.12（a）为桥式整流 π 型 LC 滤波器的桥式整流滤波电路，由于电容对交流的阻抗很小，电感对交流的阻抗很大，因此，负载上的谐波电压很小；当负载电流比较小时，也可采用如图 5.12（b）所示的桥式整流 π 型 RC 滤波器，但 π 型 RC 滤波电路由于其电阻消耗功率，所以会增加电源的功率损耗，致使电路效率较低，因此实际采用不多。

思考与练习

1. 什么是直流稳压电源，由哪几部分组成？
2. 整流的主要作用是什么？主要采用什么元件实现？最常用的整流电路是哪一种？
3. 滤波电路的主要作用是什么？滤波电路的重要元件有哪些？

5.2　稳压电路

交流电压经过整流和滤波后，虽然变为直流电压，但输出仍存在较小的交流分量，这使得输出的直流电压并不稳定，而且会随电网电压的波动、温度的变化而变化，当电路中的负载电阻变化时，输出的纹波电压也会随之变化。显然，只具有整流、滤波环节的直流电源，在要求电源稳定性较高的电子设备和电子电路中是不适用的。

电子设备中的直流稳压电源和电子电路的供电直流电源一般要在滤波电路和负载之间加接稳压环节，以达到稳压供电的目的，使电子设备和电子线路能够稳定可靠地工作。稳压电路的任务就是进一步稳定滤波后的电压，使输出电压基本上不受电网电压波动和负载变化的影响，让电路的输出具有足够高的稳定性。

5.2.1　直流稳压电源的主要性能指标

直流稳压电源的主要性能指标包括特性指标和质量指标。

特性指标主要规定了直流稳压电源的适用范围，反映了直流稳压电源的固有特性。特性指标包括直流稳压电源允许的输入电压、输入电流，输出的电压和输出电流及其调节范围。特性指标通常标示在直流稳压电源的铭牌数据上，用户可根据实际需要合理选择。

质量指标反映了直流稳压电源的优劣，包括电压调整率、输出电阻等。

1. 电压调整率 S_γ

电压调整率 S_γ 也称为稳压系数，定义为：负载不变时，输出电压相对变化量和整流滤波电路输入电压的相对变化量之比，即

$$S_\gamma = \frac{\Delta U_O / U_O}{\Delta U_I / U_I}\bigg|_{R_L = 常数} \tag{5-10}$$

电压调整率反映了电网电压波动时对稳压电路的影响。显然电压调整率 S_γ 越小，直流稳压电源的输出电压稳定性越好。一般直流稳压电源的电压调整率 S_γ 为 $10^{-2}\sim10^{-4}$。

2．输出电阻

当输入电压不变时，输出电压变化量与负载电流变化量之比，称为输出电阻，即

$$R_\mathrm{O} = \frac{\Delta U_\mathrm{O}}{\Delta I_\mathrm{O}}\bigg|_{\Delta U_\mathrm{I}=常数} \tag{5-11}$$

输出电阻的大小反映了当负载变动时，直流稳压电源保持输出电压稳定的能力。显然，R_O 越小，直流稳压电源的稳定性能越好，带负载能力越强。

直流稳压电源的质量优劣主要参考上述两个性能指标。除此之外，质量指标还包括最大波纹电压和温度系数等。

5.2.2　并联型稳压电路

稳压电路可分为二极管稳压电路和晶体管稳压电路，其中二极管稳压电路又称为并联型稳压电路。并联型稳压电路如图 5.13 所示。

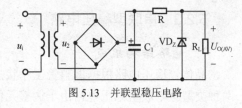
硅稳压管稳压电路

1．电路组成

并联型稳压电路因稳压二极管与负载相并联而称为并联型稳压电路。电路中的电阻 R 用来限制通过稳压二极管 $\mathrm{VD_Z}$ 的电流，对稳压二极管起限流保护作用。

为了保证硅稳压二极管正常工作，稳压二极管必须反向偏置，且反向电流 I_Z 应满足：

图 5.13　并联型稳压电路

$$I_\mathrm{Zmin} \leqslant I_\mathrm{Z} \leqslant I_\mathrm{Zmax}$$

式中，I_Zmin 是使稳压管稳压的最小电流，I_Zmax 是使稳压管正常工作的最大极限电流。在元件手册中查到的 I_Z 即为 I_Zmin。

2．工作原理

设电网电压上升或负载电阻增加造成输出电压增加时，通过稳压管 $\mathrm{VD_Z}$ 的电流将急剧增加，造成限流电阻 R 上压降增加，R 上压降的增加又会使输出电压下降，于是调整了输出电压保持基本稳定不变。稳压过程为：$U_\mathrm{I}\uparrow$（或 $R_\mathrm{L}\uparrow$）$\rightarrow U_\mathrm{O}\uparrow\rightarrow I_\mathrm{Z}\uparrow\rightarrow U_\mathrm{R}\uparrow\rightarrow U_\mathrm{O}\downarrow$

当电网电压下降或负载电阻减小造成输出电压减小时，通过稳压管 $\mathrm{V_Z}$ 的电流将随之减小，致使限流电阻 R 上压降减小，R 上压降的减小又会使输出电压上升，于是调整了输出电压保持基本稳定不变。稳压过程为：$U_\mathrm{I}\downarrow$（或 $R_\mathrm{L}\downarrow$）$\rightarrow U_\mathrm{O}\downarrow\rightarrow I_\mathrm{Z}\downarrow\rightarrow U_\mathrm{R}\downarrow\rightarrow U_\mathrm{O}\uparrow$

可见，电路能稳定输出电压，是并联型稳压电路中的稳压二极管和限流电阻起决定作用，利用硅稳压二极管反向击穿电流的变化，稳定了输出电压。

并联型稳压电路具有电路结构简单，使用元件少的优点，但稳压电路的稳压值取决于稳压二极管的稳压值，不能调节，因此这种稳压电路适用于电压固定、负载电流小、负载变动不大的场合。

【例 5.2】电路如图 5.14 所示。

（1）说明电路中 Ⅰ、Ⅱ、Ⅲ、Ⅳ 的作用。

（2）变压器副边电压有效值 U_2=20V，则电容两端电压 $U_\mathrm{C(AV)}$=？

（3）说明电阻 R 的作用。

解：（1）电路中第 I 部分的作用是将市电变换成适合负载需要的交流电压值；第 II 部分的作用是将交流电通过桥式全波整流为脉动直流电；第 III 部分的作用是滤波，去除脉动直流电中的高频成分，使之成为纹波电压；第 IV 部分的作用是使输出的直流电压基本不受电网电压波动和负载变动的影响，获得稳定性较高的输出电压。

（2）电容两端电压平均值 $U_{C(AV)} \approx 1.2U_2 = 1.2 \times 20 = 24V$。

（3）电路中 R 的作用是限制稳压管中的电流不能过大，以保证稳压管的正常工作。

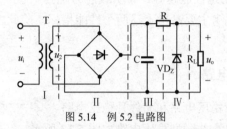

图 5.14　例 5.2 电路图

5.2.3　串联型稳压电路

1. 电路结构组成

晶体管稳压电路根据调整管工作状态的不同，可分为串联型稳压电路和开关型稳压电路两种类型。串联型稳压电路由于调整元件晶体管与负载相串联而得名，晶体管串联型反馈式稳压电路如图 5.15 所示。

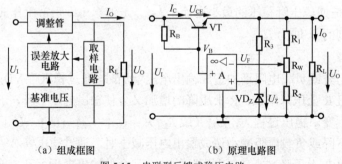

（a）组成框图　　　　　　　（b）原理电路图

图 5.15　串联型反馈式稳压电路

由组成框图可看出，串联型反馈式稳压电路由取样电路、比较放大器、基准电源和调整管几部分组成。其中取样电路的作用是将输出电压的变化取出反馈到比较放大器输入端，然后控制调整管的压降变化；比较放大器的作用是对取样电压与基准电压的差值进行放大，然后控制调整管的压降变化；基准电源的作用是为比较放大器提供基准电压值；调整管的作用是按基极电流的大小调节输出电压（其管压降 U_{CE} 随基极电流 I_B 的变化而变化）。

由原理电路图可看出，串联型反馈式稳压电路中的调整管 VT（有时采用复合管作为调整管，以获得较大的输出电流）正常工作是在放大区，且发射极与负载电阻相串联，因此取名串联型稳压电路。电路中的 R_3 和稳压管 VD_Z 组成基准电压源，为比较放大器 A 的同相输入端提供基准电压；R_1、R_2 和电位器 R_W 组成取样电路，取样电路把稳压电路的输出电压 U_O 的部分 U_F 回送到比较放大器 A 的反相输入端形成负反馈；比较放大器 A 对取样电压 U_F 与基准电压 U_Z 进行比较，若输出不变，比较放大器 A 的输入差值不变，调整管基极电位 V_B 不变，则 U_{CE} 也不变，因此电路输出 U_O 维持不变。当输入电压 U_I 变化或负载 R_L 变化而使输出 U_O 增大（或减小）时，反馈到比较放大器 A 反相端的输出采样 U_F 就会使比较放大器 A 的输入差值发生变化，这个差值经 A 放大后送到调整管改变了晶体管 VT 的基极电位，基极电位的改变使得 VT 的基极电流 I_B、集电极电流 I_C、输出电压 U_{CE} 相应改变，从而调整了输出电压保持稳定。为使调整管 VT 工作在放大区，输入电压 U_I 至少要比输出电压 U_O 高 2～3V。

2．工作原理

当输入电压 U_I 增大或负载电阻 R_L 减小时，必将引起输出电压 U_O 的增加，这时取样电压 U_F 随之增大，基准电压 U_Z 和取样电压 U_F 的差值减小，经比较放大器 A 比较放大后，调整管的基极电位 V_B 减小，基极电流 I_B 随之减小，控制集电极电流 I_C 减小，致使管压降 U_{CE} 增大，输出电压 U_O（$U_O=U_I-U_{CE}$）减小，使稳压电路的输出电压 U_O 的上升趋势得到抑制，起到了当输入电压 U_I 增大或负载电阻 R_L 减小时，对输出电压 U_O 的稳定作用。

同理，当输入电压 U_i 减小或负载电阻 R_L 增大时，必将引起输出电压 U_O 的减小，这时取样电压 U_F 随之减小，基准电压 U_Z 和取样电压 U_F 的差值增大，经比较放大器 A 比较放大后，使调整管的基极电位 V_B 增大，基极电流 I_B 随之增大，控制集电极电流 I_C 增大，致使管压降 U_{CE} 减小，输出电压 U_O（$U_O=U_I-U_{CE}$）增大，使稳压电路的输出电压 U_O 的下降趋势得到抑制，起到了当输入电压 U_I 减小或负载电阻 R_L 增大时对输出电压 U_O 的稳定作用。其分析过程与上述分析相反。

串联型反馈式稳压电路输出电压的调整范围：由"虚短"可知 $U_F=U_Z$，有：

$$U_F = \frac{R_2'}{R_1 + R_2 + R_W}U_O = U_Z \tag{5-12}$$

整理式（5-12）可得：

$$U_O = \frac{R_1 + R_2 + R_W}{R_2'}U_Z \tag{5-13}$$

式（5-12）中的 R_2' 是指电位器箭头以下部分与 R_2 的串联组合。式（5-13）说明：串联型反馈式稳压电路通过调节电位器 R_W 的可调端，即可改变输出电压的大小。该电路由于运放 A 调节方便，电压放大倍数很高，输出电阻较低，低噪声、低纹波、负载调整率良好、高稳定度、高准确度，因此稳压特性十分优良，实际应用非常广泛。

串联型稳压电源的应用

但是串联型反馈式稳压电路也存在不足之处，即该稳压电路调压范围有限，效率较低。

【例 5.3】在如图 5.16 所示的串联型直流稳压电路中，稳压管型号为 2CW14，其稳压值 $U_Z=7V$，输入电压 $U_I=20V$，采样电阻 $R_1=3k\Omega$，$R_2=3k\Omega$，$R_W=2k\Omega$，$R_L=0.2k\Omega$，试估算输出电压的调节范围以及输出电压最小时，调整管承受的功耗。

解：根据式（5-13）可得：

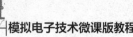

$$U_{Omin} = \frac{R_1 + R_2 + R_W}{R_2 + R_W} U_Z = \frac{3 + 2 + 3}{2 + 3} \times 7 = 11.2V$$

$$U_{Omax} = \frac{R_1 + R_2 + R_W}{R_2} U_Z = \frac{3 + 2 + 3}{3} \times 7 \approx 18.7V$$

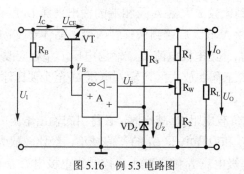

图 5.16　例 5.3 电路图

该串联型直流稳压电路输出电压的调节范围是 11.2 ~ 18.7V。

当输出电压最小时，调整管 CE 之间的压降：$U_{CE} = U_I - U_{Omin} = 21 - 11.2 = 9.8V$。

通过调整管的电流近似为：$I_C \approx \dfrac{U_{Omin}}{R_L} = \dfrac{11.2}{0.2} = 56mA$

因此，此时调整管承受的管耗为：

$$\Delta P_C = U_{CE} \times I_C = 9.8 \times 0.056 \approx 0.55W$$

5.2.4　开关型直流稳压电路

1．开关型直流稳压电路的组成

开关型直流稳压电路的原理图如图 5.17 所示。

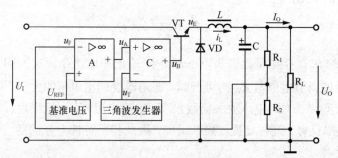

图 5.17　开关型直流稳压电路

开关型直流稳压电源的调整管 VT 工作在开关状态，所以简称为开关型直流稳压电源。开关型直流稳压电路依靠调节调整管 VT 的导通时间实现对电路输出的稳压效果。开关型直流稳压电路中的调整管的管耗很低，因此电路效率较高，一般可达 80%~90%，且不受输入电压大小的影响，稳压范围较宽。这些突出优点使得开关型直流稳压电路广泛应用于计算机、电视机中作为直流供电电源。

开关型直流稳压电路的输入电压 U_I 来自于整流滤波电路的输出，图 5.17 中不再画出。开关型直流稳压电路由调整开关管、取样电路、LC 滤波电路、续流二极管以及控制电路组成。其中开关管用来调整输出电压；取样电路用来将输出电压的变化取出送到开关调整管的控制电路；LC 滤波电路用来平滑输出电压；续流二极管的作用是当开关调整管截止时，提供滤波电感 L 中自感电动势的释放通路，维持负载 R_L 中有电流通过；控制电路包括基准电压源、误差放大器 A、比较放大器 C 和三角函数发生器，用来产生方波电压，使调整管工作在开关状态，同时取样电压送入误差放大器 A 中进行比较放大，改变控制电路输出方波电压的占空比，使调整管的开通与关断时间按输出电压的变化进行调节。

2．工作原理

当图 5.17 所示电路中的输出电压 U_O 由于输入电压的变化或者负载的变化而出现不稳定时，通过 R_1 和 R_2 组成的取样电路就可把输出变化量的部分回送到误差放大器 A 的反相输入端作为反馈量 U_F，U_F 和基准电压 U_{REF} 形成的差值电压由 A 放大，A 的输出量为 u_A，作为电压比较器的门限电平，而电压比较器的反相端连接的三角函数发生器产生一个三角波，在三角波从小到大或从大到小变化的过程中，均与门限电平 u_A 相比较，达到门限电平时，比较器的输出由正饱和值（或负饱和值）发生一次翻转，当比较器的输出 u_B 为正饱和值时，开关调整管饱和导通，u_E 为高电平，此时续流二极管反偏处于截止状态，电感器中的电流 i_L 在 u_E 作用下由 0 开始增大，其中的高次谐波同时被线圈 L 和电容 C 滤除（LC 构成低通滤波器），剩余少量低频成分和直流量形成 I_O 向负载供电；当比较器的输出 u_B 为负饱和值时，开关调整管截止，u_E 为低电平，由于电感电流 i_L 不能发生跃变，只能连续变化，因此 i_L 开始减小，只要 L 和 C 值选择合适，i_L 中的少量低频成分和直流量形成的 I_O 可保证持续向负载供电，此时二极管 VD 正偏处于导通状态，对负载输出电流起续流保护作用。

在电路工作过程中，控制环节中误差放大器的输出 u_A 送到单门限电压比较器 C 的同相输入端。三角波发生器产生一个固定频率的电压 u_T，电压比较器的输出 u_B 控制开关调整管 VT 的导通和截止（u_T 和 u_A 决定了调整管的开关频率）。u_A、u_T、u_B、i_L 和 I_O 的波形如图 5.18 所示。

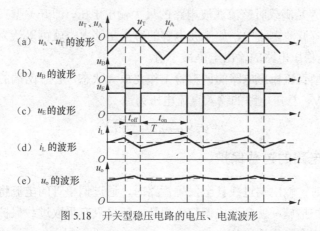

图 5.18　开关型稳压电路的电压、电流波形

由于调整管的输出电压 u_E 仍是一个脉冲波，需采用 LC 低通滤波器进行滤波，以获得平滑的输出，再加入负反馈环节控制输出电压的相对稳定，所以开关型直流稳压电路是一种可以利用电压负反馈调节输出电压稳定的电路。

5.2.5 调整管的选择

调整管是串联型和并联型直流稳压电路的重要组成部分，担负着"调整"输出电压的重任。调整管不仅需要根据外界条件的变化随时调整本身的管压降，以保持输出电压的稳定，而且要提供负载要求的全部电流，因此调整管的功耗比较大，通常采用大功率的三极管作为调整管。为了保证调整管的安全，在选择调整管的型号时，应初步估算用作调整管的三极管主要参数。

1．集电极最大允许电流 I_{CM}

流过调整管集电极的电流除了负载电流外，还有采样电阻中通过的电流，因此，选择调整管时，应使其集电极最大允许电流为

$$I_{CM} \geq I_{Lmax} + I_R \tag{5-14}$$

式（5-14）中的 I_{Lmax} 是负载中通过的最大电流，I_R 是采样电阻中通过的电流。

2．集电极和发射极之间的最大允许反向击穿电压 $U_{(BR)CEO}$

稳压电路正常工作时，调整管上的电压降为几伏，当负载出现短路时，整流滤波电路的输出电压将全部加在调整管两端。在电容滤波电路中，输出电压的最大值可能接近于变压器副边电压的峰值，即 $u_{imax} \approx \sqrt{2}U_2$，考虑到电网上近 $\pm 10\%$ 的电压波动，调整管有可能承受的最大反向电压：

$$U_{(BR)CEO} \geq u_{imax} = 1.1 \times \sqrt{2}\, U_2 \tag{5-15}$$

式中 u_{imax} 是空载时整流滤波电路的最大输出电压，也是开关型直流稳压电路的输入电压最大值。

3．集电极最大允许耗散功率 P_{CM}

当电网电压达到最大值，输出电压达到最小值，同时负载电流也达到最大值时，调整管的功耗最大，所以应根据下式来选择调整管的参数 P_{CM}

$$P_{CM} \approx (1.1 \times 1.2U_2 - U_{Omin}) \times I_{Emax} \tag{5-16}$$

式中，$1.1 \times 1.2U_2$ 是满载时整流滤波电路的最大输出电压，即开关型直流稳压电源的输入电压最大值（在电容滤波电路中，如滤波电容的容量足够大，就可以认为其输出电压近似等于 $1.2U_2$），U_{Omin} 是稳压电路的输出电压最小值。

为了保证串联型直流稳压电路的调整管工作在放大状态，管子两端的电压降不宜过大，通常使 $U_{CE}=3V \sim 8V$，稳压电路的输入直流电压为

$$U_I = U_{Omax} + (3 \sim 8)\, \text{V} \tag{5-17}$$

5.2.6 稳压电路的过载保护

使用稳压电路时，输出端过载甚至发生短路时，通过调整管的电流将急剧增大，如果电路中没有适当的保护措施，就会造成调整管损坏，所以只有采取过载保护或短路保护措施，方能保证稳压电路安全可靠地工作。

保护电路的作用是保护调整管在电流增大时不被烧毁。其基本方法是，当输出电流超过某一数值时，调整管处于反向偏置状态，即截止状态，过载电流或短路电流将自动切断。

1．限流保护电路

保护电路的形式很多，如采用二极管作为限流元件的保护电路如图 5.19 所示。

电路中，二极管 VD 和电阻 R_O 组成二极管保护环节。正常工作时，二极管 VD 处于反向截止状态。当负载电流增大且达到一定数值时，电阻 R_O 上的压降随之增大，增大到一定程度时，使二极管导通（二极管的管压降 $U_D=U_{be1}+R_O I_{E1}$）。二极管导通后，管压降 U_D 一定，因此 R_O 上的压降增大将迫使 U_{be1} 减小，从而使 I_{B1} 减小，I_{E1} 减小并限制在一定数，达到保护调整管的目的。显然，二极管限流保护时，其 U_D 越大，限流保护作用越好。

限流型保护电路也有使用三极管作为保护元件的。限流保护的目的就是在稳压器输出电流超过额定值时，将调整管的发射极电流限制在某一数值上，从而保护调整管。

2．三极管截流保护电路

图 5.20 为三极管截流保护电路。电路中的三极管保护环节由 VT_2 和分压电阻 R_4、R_5 组成。电路正常工作时，通过 R_4 与 R_5 的分压作用，使 VT_2 的基极电位比它自身的发射极电位高，VT_2 的发射结因承受反向电压而处于截止状态（相当于开路），即电路输出正常时，保护环节对稳压电路没有影响。

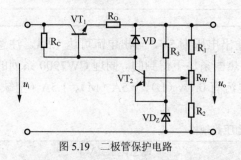

图 5.19　二极管保护电路

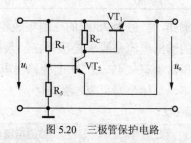

图 5.20　三极管保护电路

当稳压电路的输出发生短路故障时，输出电压 $u_o=0$，此时 VT_2 的发射极相当于接地，VT_2 处于饱和导通状态（相当于短路），迫使调整管 VT_1 的基极和发射极近于短路而处于截止状态，从而切断短路电流，达到保护稳压电路的目的。

显然，上述三极管保护电路能够在电路出现短路时，使调整管发射极电流迅速减小或切断，因此属于截流型过流保护电路。

思考与练习

1．稳压电路的主要作用是什么？稳压电路的主要性能指标是哪两个？

2．试述串联型稳压电路的特点。串联型稳压电路通常运用于哪些场合？

3．试述并联型稳压电路的特点。并联型稳压电路通常应用于哪种场合？

4．试述开关型稳压电路的主要特点。开关型稳压电源的输出电压是平滑波吗？

5．在选择调整管的型号时，应主要考虑调整管的哪些主要参数？

6．二极管和三极管的限流保护与截流保护有何不同？

5.3　集成稳压器

集成电路的发展促使了集成稳压器的产生，把调整管、采样电路、基准稳压源、比较放大器、比较器以及保护电路等全部集成在一个硅片上，即构成集成稳压器。

5.3.1 固定输出的三端集成稳压器

三端固定式集成稳压器的外形与管脚

三端固定集成稳压器包含 CW7800 和 CW7900 两大系列，CW7800 系列是三端固定正输出稳压器，CW7900 系列是三端固定负输出稳压器。它们的最大特点是稳压性能良好，外围元件简单，安装调试方便，价格低廉，现已成为集成稳压器的主流产品。CW7800 系列按输出电压分为 5V、6V、9V、12V、15V、18V、24V 等品种；最大输出电流有 0.1A（L）、0.5A（M）、1.5A（空缺）、3A（T）和 5A（H）5 个挡次。具体型号及电流大小见表 5-1。

表 5-1　　　　　　　　　　CW7800 系列稳压器规格

型　　号	输出电流（A）	输出电压（V）
78L00	0.1	5、6、9、12、15、18、24
78M00	0.5	5、6、9、12、15、18、24
7800	1.5	5、6、9、12、15、18、24
78T00	3	5、12、18、24
78H00	5	5、12
78P00	10	5

例如，型号为 7805 的三端集成稳压器表示输出电压为 5V，输出电流可达 1.5A。注意所标注的输出电流是要求稳压器在加入足够大的散热器条件下得到的。同理 CW7900 系列的三端稳压器也有 −24V～−5V 七种输出电压，输出电流有 0.1A（L）、0.5A（M）、1.5A（空缺）3 种规格，具体型号见表 5-2。

表 5-2　　　　　　　　　　CW7900 系列稳压器规格

型　　号	输出电流（A）	输出电压（V）
79L00	0.1	−5、−6、−9、−12、−15、−18、−24
79M00	0.5	−5、−6、−9、−12、−15、−18、−24
7900	1.5	−5、−6、−9、−12、−15、−18、−24

三端固定式集成稳压器的基本应用电路

CW7800 系列的输出端对公共端的电压为正。根据集成稳压器本身功耗的大小，其封装形式分为 TO-220 塑料封装和 TO-3 金属壳封装，二者的最大功耗分别为 10W 和 20W（加散热器）。管脚排列如图 5.19 所示。U_I 为输入端，U_O 为输出端，GND 是公共端（地）。三者的电位分布为：$U_I > U_O > U_{GND}$（0V）。输入电压至少要比输出电压高 2V，为可靠起见，一般应选 4～6V。最高输入电压为 35V。

CW7900 系列属于负电压输出，输出端对公共端呈负电压。CW7900 与 CW7800 的外形相同，但管脚排列顺序不同，塑料封装和金属封装的固定三端集成稳压器产品外形及其引脚排列如图 5.21 所示。

图 5.21　三端固定输出集成稳压器产品外形及引脚排列

CW7900 的电位分布为：$U_{GND}(0V) > -U_O > -U_I$。另外在使用 CW7800 与 CW7900 时要注意：采用 TO-3 封装的 CW7800 系列集成电路的金属外壳为地端；而同样封装的 CW7900 系列稳压器的金属外壳是负电压输入端。因此，在由二者构成多路稳压电源时，若将 CW7800 的外壳接印刷电路板的公共地，CW7900 的外壳及散热器就必须与印刷电路板的公共地绝缘，否则会造成电源短路。三端固定输出集成稳压器具有过热、过流和过压保护功能。

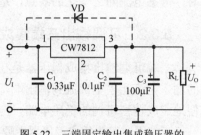

图 5.22　三端固定输出集成稳压器的基本应用电路

三端固定输出集成稳压器的基本应用电路如图 5.22 所示。

由于输出电压取决于集成稳压器，所以输出电压为 12V，最大输出电流为 1.5A。为使电路正常工作，要求输入电压 U_I 比输出电压 U_O 至少大 2.5～3V。在靠近三端集成稳压器输入、输出端处，一般要接入 $C_1=0.33\mu F$ 和 $C_2=0.1\mu F$ 的电容，其目的就是使稳压器在整个输入电压和输出电流变化的范围内，提高稳压器的工作稳定性和改善瞬变响应。为了获得最佳的效果，电容器应选用频率特性好的陶瓷电容或胆电容为宜。另外，为了进一步减小输出电压的纹波，一般在集成稳压器的输出端并入一个一百微法～几百微法的电解电容。

电路中的 VD 是续流保护二极管，用来防止在输入端短路时，输出电容 C_3 所存储电荷通过稳压器放电而损坏器件。稳压器正常工作时，该续流二极管处于截止状态，当输入端突然短路时，二极管为输出电容器 C_3 提供泄放通路。

基本应用电路中的 3 个电容均为滤波电容，其值在具体应用时可根据负载电阻的大小用下式选取：

$$R_LC \geqslant （3～5）T/2 \tag{5-18}$$

利用三端固定输出的集成稳压器来提高输出电压的电路如图 5.23 所示。

实际需要的直流稳压电源，如果超过集成稳压器的输出电压数值，可外接一些元器件来提高输出电压。电路能使输出电压高于固定电压，图 5.23 中的 U_{XX} 是 CW78 系列稳压器的固定输出电压值，显然 $U_O=U_{XX}+U_Z$。

也可以采用图 5.24 所示的电路提高输出电压。这种电路中的电阻 R_1 和 R_2 为外接电阻，R_1 两端的电压为三端集成稳压器的额定输出电压 U_{XX}，R_1 上流过的电流为 $I_{R1}=U_{XX}/R_1$，三端集成稳压器的静态电流为 I_Q，等于两个电阻上的电流之和。

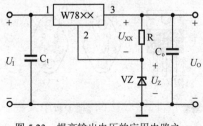

图 5.23　提高输出电压的应用电路之一

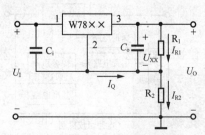

图 5.24　提高输出电压的应用电路之二

稳压电路的输出电压在忽略集成稳压器静态电流的情况下，有

$$U_O \approx \left(1 + \frac{R_2}{R_1}\right) U_{XX} \tag{5-19}$$

可见，提高两个外接电阻的比值，即可提高输出电压。只是这种电路存在输入电压变化时，静态电流随之变化的缺点，造成电路精度下降。

5.3.2 可调输出三端集成稳压器

三端可调输出集成稳压器是在三端固定输出集成稳压器的基础上发展起来的，集成芯片的输入电流几乎全部流到输出端，流到公共端的电流非常小，因此可以用少量的外部元件方便地组成精密可调的稳压电路，应用更为灵活。

三端固定输出集成稳压器主要用于固定输出标准电压值的稳压电源中。虽然通过外接电路元件，也可构成多种形式的可调稳压电源，但稳压性能指标有所降低。集成三端可调稳压器的出现，可以弥补三端固定集成稳压器的不足。它不仅保留了固定输出稳压器的优点，而且在性能指标上有很大的提高。它分为 CW317 的正电压输出和 CW337 的负电压输出两大系列，每个系列又有 100mA、0.5A、1.5A、3A 等品种，应用十分方便。CW317 系列与 CW7800 系列产品相比，在同样的使用条件下，静态工作电流 I_Q 从几十毫安下降到 $50\mu A$，电压调整率 S_V 由 $0.1\%/V$ 达到 $0.02\%/V$，电流调整率 S_I 从 0.8% 提高到 0.1%。三端可调集成稳压器的产品分类如表 5-3 所示。

表 5-3   三端可调集成稳压器规格

特点	国产型号	最大输出电流(A)	输出电压（V）	对应国外型号
正压输出	CW117L/CW217LCW/317L	0.1	1.2～37	LM117L/LM217L/LM317L
	CW117M/CW217M/CW317M	0.5	1.2～37	LM117M/LM217M/LM317M
	CW117/CW217/CW317	1.5	1.2～37	LM117/LM217/LM317
	CW117HV/CW217HV/CW317HV	1.5	1.2～57	LM117HV/LM217HV/LM317HV
	W150/W250/W350	3	1.2～33	LM150/LM250/LM350
	W138/W2138/W338	5	1.2～32	LM138/LM238/LM338
	W196/W296/W396	10	1.25～15	LM196/LM296/LM396
负压输出	CW137L/CW237L/CW337L	0.1	−37～−1.2	LM137L/LM2137L/LM337L
	CW137MCW/237M/CW337M	0.5	−37～−1.2	LM137M/LM237M/LM337M
	CW137/CW237CW/337	1.5	−37～−1.2	LM137/LM237/LM337

CW117 系列、CW137 系列集成稳压器的产品外形及引脚排列如图 5.25 所示。

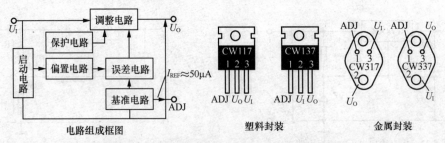

图 5.25   三端可调集成稳压器产品外形及引脚排列

三端可调集成稳压器输入电压范围为 4～40V，输出电压可调范围为 1.2～37V，要求输入电压比输出电压至少高 3V。例如，型号为 CW317 的三端可调集成稳压器的输入电压若为 40V，则输出电压为 1.2～37V 连续可调，最大输出电流 1.5A；又如 CW337L 的输入电压若为−18V，则输出电压为−37～−1.2V 连续可调，最大输出电流为 0.1A。

CW317、CW337 系列三端可调稳压器使用非常方便，只要在输出端上外接两个电阻，即可获得要求的输出电压值。图 5.26 为三端可调集成稳压器的典型应用电路。

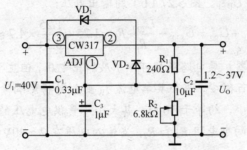

图 5.26　可调集成稳压器的典型应用电路

由 CW317 系列正电压输出的标准电路中：C_1 为输入滤波电容，可起到抵消电路的电感效应和滤除输入线上干扰脉冲的作用，通常取 0.33μF；C_2 是为了减小 R_2 两端纹波电压而设置的，一般取 10μF；C_3 是为了防止输出端负载呈感性时可能出现的阻尼振荡，取值 1μF。VD_1 和 VD_2 是保护二极管，可选用整流二极管 2CZ52。

图 5.26 电路的输出电压可由式（5-20）确定。

$$U_O = 1.25 \times \left(1 + \frac{R_2}{R_1}\right) + 50 \times 10^{-6} \times R_2 \approx 1.25 \times \left(1 + \frac{R_2}{R_1}\right) V \qquad (5\text{-}20)$$

式（5-20）中第二项（$50 \times 10^{-6} \times R_2$）是 CW317 的调整端流出电流在电阻 R_2 上产生的压降。由于电流非常小（仅为 50μA），故第二项可忽略不计。式中电阻 R_1 不能选得过大，一般选择 R_1=100～120Ω，当 R_2=0 时，相当于调整端引脚 1 接地，输出电压最小约为 1.2V；电位器 R_2 处于最大值时，输出电压约为 37V，即可调电位器调节 R_2 选取不同值时，可得到不同的输出电压。

三端可调式集成稳压器的应用电路

【例 5.4】　电路如图 5.27 所示，图 5.27（a）中的 I_W=2mA，图 5.27（b）中的 I_{ADJ} 很小可忽略不计，CW117 可提供的基准电压 U_{REP}=1.25V。试分别求出各电路输出电压 U_O。

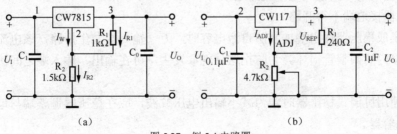

图 5.27　例 5.4 电路图

解： 图 5.27（a）为固定式三端稳压器电压扩展电路，其输出端 3 与公共端 2 之间的电压即为电路提供的基准电压。电路输出电压即电容 C_0 两端的电压等于 R_1 和 R_2 上的电压之和，改变 R_2 的大小，可以调节输出电压的大小。图 5.27（a）的输出电压：

$$U_O = U_{R1} + U_{R2} = U_{R1} + (I_{R1} + I_W)R_2 = 15 + \left(\frac{15}{1} + 2\right) \times 1.5 = 40.5V$$

图 5.27（b）为可调三端集成稳压器的应用电路，集成稳压器的输出端 3 与调整端 1 之间的电压始终等于基准电压 U_{REP}。图 5.27（b）的输出电压：

$$U_O = U_{R1} + U_{R2} = U_{REF} + \frac{U_{REF}}{R_1}R_2 = 1.25 + \frac{1.25}{0.24} \times 4.7 \approx 25.73V$$

固定式三端集成稳压器扩展电路虽然可以扩展输出电压，但主要缺点是公共端电流 I_W 较大，一般为几十微安至几百微安，当公共端电流 I_W 变化时将影响输出电压；可调的三端集成稳压器调整端电流 I_{ADJ} 很小，约等于 $50\mu A$，其大小不受供电电压的影响，非常稳定，只需在可调三端集成稳压器外接两个电阻 R_1 和 R_2，当输入电压在 $2 \sim 40V$ 范围内变化时，就可得到所需的输出电压。

5.3.3　使用三端集成稳压器时的注意事项

三端集成稳压器虽然应用电路简单，外围元件很少，但若使用不当，同样会出现稳压器被击穿或稳压效果不良的现象，所以在使用中必须注意以下几个问题。

（1）要防止产生自激振荡。三端集成稳压器内部电路放大级数多，开环增益高，工作于闭环深度负反馈状态。虽然市电经整流后由容量很大的电容进行滤波，但铝电解电容器的寄生电感和电阻都较大，频率特性差，仅适用于 $50\sim200Hz$ 的电路。稳压电路的自激振荡频率都很高，因此只用大容量电容难以对自激信号起到良好的旁路作用，需要用频率特性良好的电容与之并联才行，若不采取适当补偿移相措施，则在分布电容、电感的作用下，电路可能产生高频寄生振荡，从而影响稳压器的工常工作。图 5.26 电路中的 C_1 及 C_2 就是为防止自激振荡而必须加的防振电容。

（2）要防止稳压器损坏。虽然三端稳压器内部电路有过流、过热及调整管安全工作区等保护功能，但在使用中应注意以下几个问题以防稳压器损坏。

① 防止输入端对地短路。

② 防止输入端和输出端接反。

③ 防止输入端滤波电路断路。

④ 防止输出端与其他高电压电路连接。

⑤ 稳压器接地端不得开路。

（3）当集成稳压器输出端加装防自激电容时，万一输入端发生短路，该电流的放电电流将会使稳压器内的调整管损坏。为防止这种现象发生，可在输出、输入端之间接一个续流保护二极管。

（4）在使用可调式稳压器时，为减小输出电压纹波，应在稳压器调整端与地之间接入一个 $10\mu F$ 的电容器。

（5）为了提高稳压性能，应注意电路的连接布局。一般稳压电路不要离滤波电路太远，另外，输入线、输出线和地线应分开布设，采用较粗的导线且要焊牢。

（6）三端集成稳压器是一个功率器件，它的最大功耗取决于内部调整管的最大结温。因此，要保证集成稳压器能够在额定输出电流下正常工作，还必须为集成稳压器采取适当的散热措施。稳压器的散热能力越强，它所承受的功率也就越大。

（7）选用三端集成稳压器时，首先要考虑输出电压是否要求调整。若不要求调整输出电压，则可选用输出固定电压的稳压器；若要调整输出电压，则应选用可调式稳压器。还要选择稳压器的参数，其中最重要的参数就是需要输出的最大电流值，这样大致可确定出集成稳压器的型号，最后审查所选稳压器的其他参数能否满足使用要求。

思考与练习

1. 固定输出的三端集成稳压器内部采用串联型稳压电路结构还是并联型稳压电路结构？具有哪些保护？

2. 固定输出的三端集成稳压器为使调整管工作在放大区，输入电压比输出电压至少应高多少伏？为可靠起见，一般应选多少伏？

3. 可调三端集成稳压器为使电路可靠工作，输入电压比输出电压至少应高多少伏？

4. 在使用可调三端集成稳压器时，为减小输出电压纹波，应在稳压器调整端与地之间接入一个多少微法的电容？

5. 三端集成稳压器是一个功率器件，它的最大功耗取决于什么？

能 力 训 练

整流、滤波和稳压电路的实验

一、实验目的

1. 掌握单相半波整流电路的工作原理。
2. 熟悉常用整流、滤波电路的特点。
3. 了解稳压的工作原理。
4. 进一步熟悉示波器的使用方法。

二、实验原理

电子设备一般都需要直流电源供电，且大多数采用把交流电（市电）转变为直流电的直流稳压电源。直流稳压电源由电源变压器、整流、滤波和稳压 4 部分组成，原理框图如图 5.28 所示。

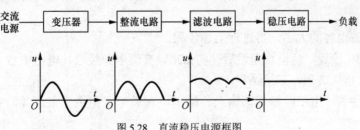

图 5.28　直流稳压电源框图

电网供给的交流电压 220V 经电源变压器降压后，得到符合电路需要的交流电压，然后由整流电路变换成方向不变、大小随时间变化的脉动电压，再用滤波器滤去其交流分量，就可得到比较平直的直流电压。但这样的直流输出电压，会随交流电网电压的波动或负载的变动而变化。还需要稳压电路，以保证输出直流电压更加稳定。

常用的直流电源根据其工作原理的不同，可分为直流稳压电源和开关电源。直流稳压电源具有输出精度高、纹波小等优点；而开关电源具有体积小、效率高等优点。

1. 半波整流电路

半波整流滤波实验电路如图 5.29 所示。

图中 VD 是整流二极管，选用 IN4001，变压器输出电压为 15V，电容 C 为 1000μF，负载电阻为 470Ω。

利用二极管的单向导电性，把交流电变换为直流电，可得到没有滤波情况下，负载上的输出电压应为

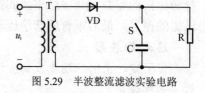

图 5.29　半波整流滤波实验电路

$$U_{O(AV)}=0.45U_2$$

2. 桥式整流滤波电路

桥式整流滤波实验电路如图 5.30 所示。

用 4 只 IN4001 二极管接成桥式电路，设置电容滤波电路为以下情况。

（1）未闭合开关 S，在无滤波情况下，$U_{O(AV)}=0.9U_2$。

（2）闭合开关 S，在有滤波情况下，$U_{O(AV)}=1.2U_2$。

3. 桥式整流滤波稳压电路

在桥式整流滤波实验电路的基础上加入固定三端集成稳压器 7809 稳压块，就构成了桥式整流滤波稳压实验电路，如图 5.31 所示。

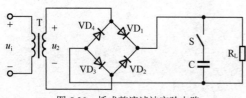 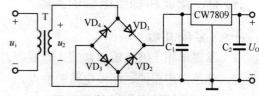

图 5.30　桥式整流滤波实验电路　　　图 5.31　桥式整流滤波稳压实验电路

电路中的 C_1 为 0.33μF，C_2 为 0.1μF，其他参数同"2. 桥式整流滤波电路"中的参数。

三、实验步骤

1. 按图 5.29 接线，经检查无误后，与 220V 交流电源相接通，电路中 S 断开，用示波器观测输入、输出电压波形，记录结果。

2. 闭合开关 S，用示波器观测输入、输出电压波形，记录结果，并与开关断开的情况比较。

3. 改变滤波电容的大小，再进行上述步骤。

4. 按图 5.30 接线，经检查无误后，与 220V 交流电源接通，电路中 S 断开，用示波器观测输入、输出电压波形，记录结果。

5. 闭合开关 S，用示波器观测输入、输出电压波形，记录结果，并与开关断开的情况比较。

6. 按图 5.31 接线，经检查无误后，用示波器观测稳压后的输出电压，并与稳压前的输出电压波形比较，记录结果。

四、实验前的预习及实验要求

1. 实验前应认真阅读本实验全部内容。

2. 复习整流、滤波及稳压电路的工作原理。

3. 掌握运用示波器观察实验电压波形的方法。

4. 独立设计实验数据表格。

5. 认真完成实验报告。

五、实验报告

1. 实验目的

2. 实验所用主要设备

3. 实验原理及实验接线图

4. 实验步骤

5. 实验数据表格（包括观测到的波形，并比较三种实验电路的输出电压波形）

6. 回答思考题

7. 实验心得及对实验的意见和建议

六、实验思考题

1. 如何选用整流二极管？二极管的参数应如何计算？

2. 选用滤波电容时，应注意哪些方面？

3. 在第三种电路中，当负载发生变化时，负载的端电压是否也随之变化？流过负载的电流呢？

| 第五单元　习题 |

1. 带放大环节的三极管串联型稳压电路是由哪几个部分组成的？其中稳压二极管的稳压值对输出电压有何影响？

2. 图 5.32 所示的单相全波桥式整流电路，若出现下列几种情况，会有什么现象？

（1）二极管 VD_1 未接通。

（2）二极管 VD_1 短路。

（3）二极管 VD_1 极性接反。

（4）二极管 VD_1、VD_2 极性均接反。

（5）二极管 VD_1 未接通，VD_2 短路。

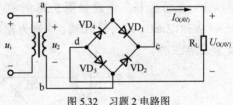

图 5.32　习题 2 电路图

3. 分别说明在下列各种情况下，直流稳压电源要采取什么措施？

（1）电网电压波动大。

（2）环境温度变化大。

（3）负载电流大。

（4）稳压精度要求较高。

4. 单相桥式整流电路如图 5.32 所示，已知变压器副边电压有效值 $U_2=60V$，负载 $R_L=2k\Omega$，二极管正向压降忽略不计，试求：输出电压平均值 U_O；二极管中的电流 I_D 和最高反向工作

电压 U_{RAM}。

5. 在图 5.33 所示的桥式整流、电容滤波电路中，U_2=20V，R_L=40Ω，C=1000μF，试问：

（1）正常情况下 $U_{O(AV)}$=?

（2）如果有一个二极管开路，$U_{O(AV)}$=?

（3）如果测得 U_O 为下列数值，可能出现了什么故障？

①$U_{O(AV)}$=18V　②$U_{O(AV)}$=28V　③$U_{O(AV)}$=9V

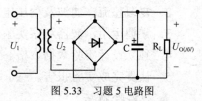

图 5.33　习题 5 电路图

6. 在图 5.33 所示的桥式整流、电容滤波电路中，已知工频交流电源电压的有效值为 220V，R_L=50Ω，要求输出直流电压为 12V，试求每只二极管的电流 I_D 和最大反向电压 U_{RAM}；选择滤波电容 C 的容量和耐压值。

7. 在图 5.33 所示的桥式整流、电容滤波电路中，设负载电阻 R_L=1.2kΩ，要求输出直流电压 $U_{O(AV)}$=30V。试选择整流二极管和滤波电容，已知交流电源频率为工频 50Hz。

8. 在图 5.34 所示的单相整流滤波电路中，变压器二次线圈中带有抽头，二次电压有效值为 U_2，试回答：

① 负载电阻 R_L 上电压 $U_{O(AV)}$ 和滤波电容 C 的极性如何？

② 分别画出无滤波电容和有滤波电容两种情况下，输出电压 $U_{O(AV)}$ 的波形，并说明输出电压平均值 $U_{O(AV)}$ 与变压器二次电压有效值 U_2 的数值关系。

③ 在无滤波电容的情况下，二极管上承受的最高反向电压为多大？

④ 二极管 VD_2 脱焊、极性接反、短路时，电路分别会出现什么现象？

9. 图 5.35 为由三端集成稳压器组成的直流稳压电路，试说明各元器件的作用，并指出电路在正常工作时的输出电压值。

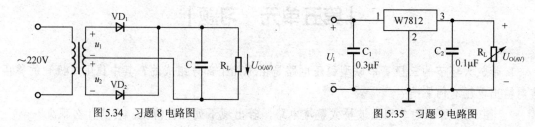

图 5.34　习题 8 电路图　　　　　　图 5.35　习题 9 电路图

10. 某直流稳压电源如图 5.36 所示。此电路所选元器件及参数均合适，但接线存在错误。已知 W7812 的 1 端为输入端，3 端为输出端，2 端为公共端。试找出图中的错误并改正，使之能正常工作。

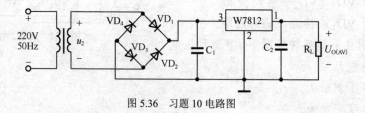

图 5.36　习题 10 电路图

第六单元
模拟电子技术应用与实践

"高等职业教育必须面向地区经济建设和社会发展,适应就业市场的实际需要,培养生产、服务、管理第一线需要的实用人才,真正办出特色"。按照上述"振兴计划"中指出的,培养"适用、实用、会用、通用"的符合国家建设需要的高素质应用型、技能型人才,是目前绝大多数高等院校发展的目标。

"适用"就是注意当前用人单位在培养人才方面所要求的新知识、新技能和新方法,选择能够适应当前社会的具有前瞻性的题材,这些题材应涵盖一定的新技术。

"实用"就是重点讲述用人单位普遍要求的、能够胜任大多数相关岗位工作的、最广泛应用的知识、方法和技能,培养出真正符合社会需要的人才。

"会用"则是培养学生在掌握相当理论知识的基础上,能够运用所学知识解决工作中遇到的具体实际问题的能力,重视高等教育中的实践教学和操作技能的训练。

"通用"是要求我们编写的教材不仅适用于高等职业教育,而且适用于所有应用型人才培养的高等院校。

遵照应用型人才培养方案,突出实践性教学环节,我们编排以下应用与实践教学题材,这些题材都是应用型、技能型人才必须掌握的最基本的知识和技能,或者是根据所学知识设计的独立小产品,具有一定的应用价值。期望通过这些应用与实践环节的训练,在人才培养上能更加体现应用型、技能型、创新型。

6.1 电子技术基本技能综合训练

6.1.1 光控开关的制作

在电气设备以及电子产品的控制系统中,光控、声控等控制方式得到了广泛的应用,掌握这种控制模式有助于对电子电路进行具体分析。

1. 光控开关的电路组成

光控开关由信号检测、信号放大调整和执行部件3部分组成。光控开关中的传感器采用了光敏电阻,实现对信号的检测;三极管起信号放大和调整作用;直流继电器是执行部件,控制灯泡的亮和灭。光控开关控制原理电路如图6.1所示。

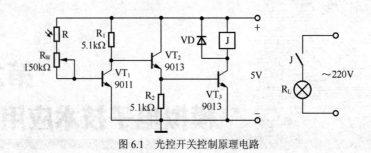

图 6.1 光控开关控制原理电路

电路中的 R 是光敏电阻，其电阻大小受光照控制：白天环境光线较强，光敏电阻阻值较小；当光线变暗时，光敏电阻的阻值随之变大。电位器 R_W 可调节电路光控的灵敏度。光敏电阻和电位器组成信号检测环节。三极管 VT_1、VT_2 和 VT_3 组成信号放大调整环节。直流继电器 J 作为电路的执行器件，当通过 J 的线圈电流足够大时，可使其触点 J 吸合，负载灯泡点亮。电路中的 VD 是续流二极管，用于释放直流继电器 J 断电瞬间线圈储存的能量，避免三极管损坏。

2．光控开关控制原理

当不同强度的光线照射在光敏电阻 R 上时，光线的强度控制着光敏电阻的阻值，随着光敏电阻阻值的变化，三极管 VT_1 的基极电位将随之发生变化，相当于给第一级放大电路加上了输入信号。输入信号经 VT_1、VT_2 和 VT_3 放大，VT_3 的集电极电位发生了较大的变化，即改变了直流继电器 J 的端电压。

白天光照比较强，因此光敏电阻的阻值比较小，因此 VT_1 的基极电流、集电极电流均较大，这样使得 R_1 上压降较大，而 VT_1 的集电极电位降低、VT_2 的基极电位也降低，VT_2 是射极输出器，其集电极电位等于直流电压源 5V，因此通过 R_2 的射极电流较大，使得 VT_3 的基极电位增大，VT_3 的集电极电位增大，加在直流继电器 J 线圈上的电压减小，造成流过线圈的电流小于它的吸合电流，直流继电器 J 不动作，常开触点 J 不闭合，灯泡不会点亮。

当环境光线变暗时，光敏电阻的阻值变大，三极管 VT_1 的基极电流和集电极电流均变小，因此 VT_1 的集电极电位和 VT_2 的发射极电位均升高，VT_3 的集电极电位降低，直流继电器的线圈电压增大。光线越暗，直流继电器 J 的线圈端电压越高，当光线暗到一定程度时，加在直流继电器 J 线圈上的端电压接近其额定电压，流过线圈的电流等于或大于它的吸合电流值时，继电器触点动作闭合，灯泡被点亮。

6.1.2 音频功率放大器的制作

音频功率放大器是通过功放电路把传输的音频信号放大至一定的程度，从而驱动扬声器发出声音的一种音频设备，被广泛应用在消费电子产品中。掌握音频功率放大器的相关知识，对了解和熟悉相关的电子产品有很大的帮助。

1．电路的组成

图 6.2 为一款电路简单、性价比高、制作调试容易、具有一定代表性的音频功率放大器原理电路。

该音频功率放大器的整机供电电源为 4.5～5.5V，可用三节干电池提供。如果供电电压小于 4V，电路会出现较大的失真；如果供电电压大于 6V，有可能烧坏功放管 VT_5 和 VT_6。

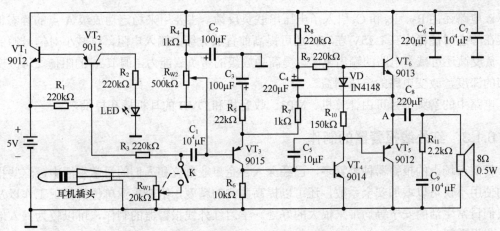

图6.2 音频功率放大器原理电路

电路由电子开关、前置放大级、推动级和功放级四部分组成。

电路中的电子开关由三极管 VT_1 和 VT_2、电阻 R_1、R_3、R_{W1} 组成。其中电阻 R_1、R_3 和 R_{W1} 作为 VT_1 和 VT_2 的偏置电阻，同时 R_{W1} 又用作音量调节电位器。

电路中的音频信号经 C_1 耦合送至由三极管 VT_2 构成的前置放大级，R_4 和 C_2 组成电源滤波电路，用于消除噪声和干扰信号，同时 R_4 和 R_{W2} 又是前置放大级的偏置电阻。

电路中的 VT_4 为功率放大器的推动级，它和 VT_3 之间采用直接耦合方式，以避免信号在传输过程中损耗。

VT_5 和 VT_6 构成 OTL 互补对称的功放电路，其中 R_8、R_9、二极管 VD 和 R_{10} 构成的电路为两个功放管的偏置电路，VD 和 R_{10} 还可用来消除交越失真。音频信号经功率放大器、输出电容 C_8 后，驱动扬声器发出声音。

2. 工作原理

当音频功率放大器的开关 K 闭合后，由电源提供的电流经 VT_1 和 VT_2 的发射极、电阻 R_3、开关 K、电位器 R_{W1} 到"地"形成回路，产生三极管 VT_2 的基极电流，该电流经三极管 VT_2 放大后使三极管 VT_1 进入深度饱和状态。由于 VT_1 的饱和压降很小，所以电源电压几乎全部加在负载上，各级放大电路进入工作状态，此时作为电源指示灯的 LED 点亮，电阻 R_2 为 LED 的限流电阻。音频信号经三极管 VT_2 放大后，送入 R_4 和 C_2 组成的滤波电路，消除信号中的噪声等干扰信号，同时调节 R_{W2} 的滑动触头，可以改变 VT_3 的静态值。三极管 VT_3 和 VT_3 为直接耦合，构成音频放大器的推动级，分别对 VT_5 和 VT_6 两个功放管传递信号。当音频信号经 OTL 互补对称的功放电路后被充分放大，通过输出电容器 C_8 后，驱动扬声器发出声音。

需要注意的是：为了防止音频信号损失过大和电源中的干扰信号进入放大电路，电阻 R_3 的阻值一定不能太小，而且为了保证三极管 VT_1 处于深度饱和状态，VT_1 和 VT_2 的电流放大系数 β 一定要尽量选大一些。

电路中的 R_{11} 和 C_9 组成容性负载，以抵消扩音器音圈电阻的部分感性，对功放管 VT_5 和 VT_6 起到保护作用。C_5 的作用是减小高频增益，避免产生高频寄生振荡。C_4 是自举电容，保证输出电压有足够的幅度；C_6 是电源低频滤波电容用以滤除电源的交流声；C_7 是高频滤波电容，用以滤除高频杂音。

该电路还由 R_7、R_5 和 C_3 引入了电压串联负反馈，主要用来稳定功放级 A 点的静态值，使其在静态时能稳定在 2.25V 左右；还可提高前置放大级的输入电阻，以减小对信号源的影响；负反馈还可减小电路的输出电阻，提高功放级的带负载能力，调节 R_5 的阻值，可改变负反馈的深度，改变电路的电压增益。

电路中的音频信号可由计算机、MP3、收音机和 DVD 的耳机插孔提供。

6.1.3　红外线报警器的制作

目前市场上的报警器种类繁多，已经深入各企事业单位和人们的日常生活中，这些报警器的使用不仅可以增加安全系数，还可以提高监测的精度，给企事业单位的保卫工作以及保障人们日常生活的安宁等均带来很大的好处。学习红外线报警器的制作，可以较为深入地了解这些报警器。

1．电路的组成

红外线报警器可发出红外线，当红外线碰到障碍物，就会反弹回来，被报警器的探头接收。如果探头监测到的红外线是静止不动的，也就是不断发出红外线又不断反弹的，那么报警器不会报警；当有移动的物体触犯了这些看不见的红外线时，探头就会检测到异常而报警。

图 6.3 为红外线报警器的原理电路图。

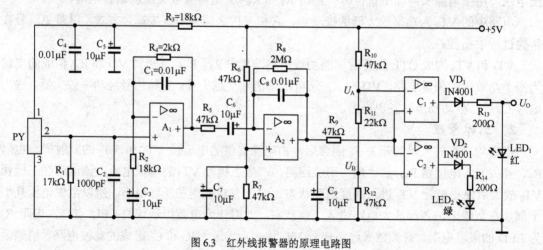

图 6.3　红外线报警器的原理电路图

图 6.3 所示的电路包括红外线传感检测环节、放大滤波环节、比较环节、基准电压和指示电路等。

电路中的红外线传感检测环节采用的传感器件是 SD02 型热释电人体红外传感器。在没有检测到人体辐射出的红外线信号时，传感器无电流输出；当人体静止在传感器的检测区域内时，红外线照射到的光能能量的光电流在回路中相互抵消，传感器仍然没有信号输出；当人体在传感器的检测区域内移动时，照射到的红外线能量不相等，光电流在回路中不能相互抵消，传感器有信号输出。即该传感器只对移动或运动的人体和体温近似人体的物体起作用。电路中的 R_3、C_4、C_5 构成退耦电路，R_1 为传感器的负载，C_2 为滤波电容，用于滤掉高频干扰信号。

电路中的 4 个集成运放均为 LM324 芯片，LM324 是低成本的四路运算放大器，具有差分输入，抑制共模信号的能力很强。

运放 A_1、A_2 等构成了放大滤波环节：A_1 构成同相输入式放大电路，由同相端接收传感器的输入信号，闭环电压增益约为$(1+R_4/R_2)=112$；A_2 构成反相输入式放大电路，由反相端接收 A_1 的输出信号，其闭环电压增益约为 $-R_8/R_5=-42$。显然经过两级放大后的传感器信号总共被放大了约 -4704 倍。

运放 C_1 和 C_2 是两个开环的单门限电压比较器，构成了报警器的比较环节：当 A_2 的输出信号输入进 C_1 比较器的同相端和 C_2 比较器的反相端时，分别与它们基准电压比较，确定两个电压比较器的输出为高电平还是低电平。

电阻 R_{10}、R_{11} 和 R_{12} 组成分压电路，为电路提供基准电压。其中运放 A_3 的基准电压为：

$$U_A = \frac{R_{11}+R_{12}}{R_{10}+R_{11}+R_{12}} \times 5 = \frac{22+47}{47+22+47} \times 5 \approx 3V$$

运放 A_4 的基准电压为：

$$U_B = \frac{R_{12}}{R_{10}+R_{11}+R_{12}} \times 5 = \frac{47}{47+22+47} \times 5 \approx 2V$$

图 6.3 中的指示电路主要由两个 LED 发光二极管组成，其中 LED_1 发红光、LED_2 发绿光。

2．工作原理

当没有移动物体进入传感器监视范围时，传感器无信号，运放 A_1 的静态输出电压为 $0.4 \sim$ 1V；A_2 静态时由于同相端电位为 $U_{A_{2+}} = \frac{R_7}{R_6+R_7} \times 5 = \frac{47}{47+47} \times 5 = 2.5V$，因为 $U_B<2.5V<U_A$，电压比较器 C_1、C_2 输出均为低电平，故 LED_1 和 LED_2 不能发光，报警器不报警。

当人体进入 SD02 型热释电人体红外传感器的监视范围内时，该传感器会产生一个幅度约为 1mV 的交流电压，该电压的频率取决于人体移动的速度。如果是正常行进速度，则频率约为 6Hz。这个电压信号经两级运算放大器放大后，A_2 输出约大于 3V，因此 C_1 输出高电平，红色指示灯点亮；当人体退出传感器监视范围时，A_2 输出约小于 2V，此时 C_2 输出为高电平，绿色指示灯点亮。因此，当人体在监视范围内走动时，两个指示灯交替点亮，不断闪烁。

电路中的 C_7、C_9 为退耦电容，C_1、C_3、C_8 用于保证电路对高频干扰信号有衰减作用，对低频信号有较强的放大作用，如果按图 6.3 所示数据取值，在 $0.1 \sim 8Hz$ 的频段内具有较好的频率响应曲线，可满足对热释电人体红外传感器输出信号的放大要求。

该电路利用输出 U_O 信号控制报警装置，如果在输出处接入一个蜂鸣器，可实现音响报警；若利用 U_O 信号来控制继电器或电磁阀，还可实现自动门、自动水龙头的自动控制。

6.2　水温控制系统的设计

6.2.1　设计任务

温度控制器是实现测量温度和控制温度的电路，通过对温度控制电路的设计、安装和调试，了解温度传感器件的原理和性能，进一步熟悉集成运算放大器的线性和非线性电路在实际电路中的应用。

6.2.2　设计要求

水温控制系统的设计要求。

（1）温控制系统应具有温度采集功能，测温和控温范围为室温～60℃，精度为±1℃。

（2）温度控制器通过比较采集到的温度和设定温度的数值，控制执行机构的动作。

6.2.3　温度控制系统基本原理

温度控制器的基本组成框图如图 6.4 所示。

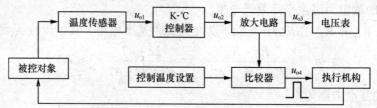

图 6.4　温度控制器组成框图

该电路由温度传感器、K-℃变换器、温度设置、比较单元和执行单元组成。温度传感器的作用是把温度信号转换成电流或电压信号；K-℃变换器将绝对温度 K 变换成摄氏温度℃；信号经放大和刻度定标（0.1V/℃）后，送入比较器与预先设定的固定电压（对应控制温度点）进行比较；由比较器输出电平的高低变化来控制执行单元工作，利用执行单元的通断，实现温度自动控制。

6.2.4　温度控制系统设计指导

1．预习要求

（1）了解温度传感器 AD590 的管脚定义、工作原理和性能。

（2）了解和熟悉集成运算放大器的引脚排列和功能。

（3）理解集成运算放大器的线性应用和非线性应用电路的工作原理。

（4）设计相应的电路图，标注元件参数，并进行仿真验证。

2．各环节设计

（1）温度传感器

建议采用电流型二端器件 AD590 集成温度传感器进行温度－电流转换。AD590 具有良好的互换性、线性和消除电源波动的特性。输出阻抗达 10MΩ，转换当量为 1μs/K。器件采用 B-1 型金属壳封装。

温度－电压变换电路如图 6.5 所示。

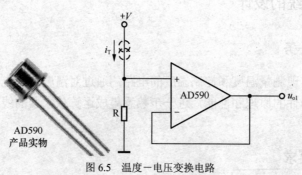

图 6.5　温度－电压变换电路

由图 6.5 所示电路可以得到：$u_{o1} = 1\mu s/k \times R = R \times 10^{-6}/K$

若取 $R=10\text{k}\Omega$，则 $u_{o1}=10\text{mV/K}$。

（2）K-℃变换器

因为 AD590 的温度控制电流值是对应绝对温度 K，而在温度控制中需要采用℃，由运放组成的加法器可以实现这一转换。

K-℃变换器的参考电路如图 6.6 所示。

确定参考电路图中的参数以及选取$-U_R$的指导思想是：0℃（273K）时，K-℃变换器的输出电压 u_{o2}=0V。

（3）放大器

用一个反相比例运算电路作为放大器，使其输出 u_{o3} 满足 100mV/℃。其温度显示可用数字电压表实现。

（4）比较器

电路比较器的参考电路如图 6.7 所示。

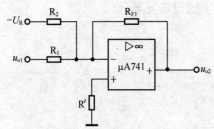

图 6.6　K-℃变换器的参考电路

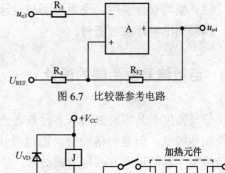

图 6.7　比较器参考电路

电路中的 U_{REF} 是控制温度的设定电压值，R_{F2} 用于改善比较器的滞回特性，决定控温精度。

（5）执行单元

执行单元用继电器驱动电路，如图 6.8 所示。

当被测温度超过设定温度时，继电器动作，使触点断开停止加热。反之，当温度低于设置温度时，继电器触点闭合，对水进行加热。

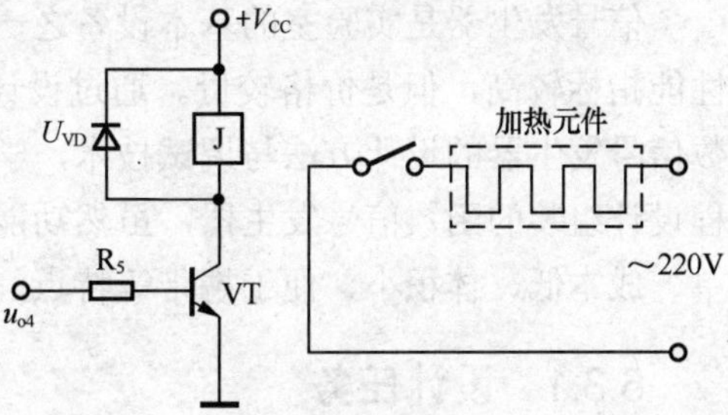

图 6.8　继电器驱动电路

6.2.5　调试要点和注意事项

1．调试要点

用温度计测传感器处的温度 T 时，温度 T=27℃（300K）时，若取 R=10kΩ，则 $u_{o1}=3\text{V}$，调整 U_R 的值使 $u_{o2}=-270\text{mV}$，若放大器的放大倍数 $A_U=-10$，则 u_{o3} 应为 2.7V。测电压比较器的比较电压 U_{REF} 值，使其等于所要控制的温度乘以 0.1V。例如设定温度为 50℃，则 U_{REF}=5V。比较器的输出可接一个 LED 发光管指示。把温度传感器加热（可用电吹风）的温度小于设定值前，LED 应一直处于点亮状态，反之，则熄灭。

如果控温精度不良或过于灵敏造成继电器在被控点抖动，可改变电阻 R_{F2} 的数值调节。

2．注意事项

（1）不可把集成运算放大器的正、负电源极性接反或将输出端短路。

（2）在实验过程中，每当更改电路时，必须首先断开电源，严禁带电操作。

6.2.6　仪器设备及元器件

直流稳压电源　　　　　　　　　一台
双踪示波器　　　　　　　　　　一台
函数信号发生器　　　　　　　　一台
数字万用表　　　　　　　　　　一只
EEL-69 模拟、数字电子技术实验箱　一台
"集成运算放大器应用"实验板　　一块

集成运算放大器 μA741、LM324、温度传感器 AD590、三极管 3DG6、三极管 9012、三极管 9013、发光二极管、电阻、电解电容、导线若干。

6.2.7　设计报告要求

（1）写明设计题目、设计任务、设计环境以及所需的设备元器件。
（2）绘制经过实验验证、完善后的电路原理图。
（3）编写设计说明、使用说明与设计小结。
（4）列出设计参考资料。

6.3　函数信号发生器的设计

信号发生器是实验室的基本设备之一，目前广泛使用的是一些标准产品，虽然功能齐全、性能指标较高，但是价格较贵。通过设计本课程，期望读者能够掌握正弦波-方波-三角波函数信号发生器的设计方法与调试技术，学会安装与调试由多级单元电路组成的电子线路。课程设计组装的函数信号发生器，虽然功能及性能指标赶不上标准信号发生器，但具有结构简单、成本低、体积小、便于携带等特点，一般可以满足实验的要求。

6.3.1　设计任务

函数信号发生器能自动产生正弦波、三角波和方波等电压波形。本设计要求利用集成运算放大器组成正弦波—方波—三角波函数信号发生器电路，所有波形具有 5V 的峰值，其中方波和三角波为对称方波和对称三角波。该电路适用于 1kHz~10kHz 范围内的各种频率。

6.3.2　设计要求

函数信号发生器的设计要求。

先由 RC 桥式振荡电路产生正弦波，然后通过电压比较器（过零比较器）电路将正弦波变换成方波，再由积分电路将方波变成三角波。

（1）进一步熟悉集成运算放大器的引脚排列和功能。
（2）掌握 RC 桥式振荡电路的工作原理。
（3）掌握电压比较器和积分电路的工作原理。
（4）设计相应的电路图，标注元件参数，并进行仿真验证。

6.3.3　函数信号发生器的基本原理

1．基本组成

从图 6.9 所示三角波和正弦波的波形上看，二者主要的差别在波形的峰值附近，其余部分都很相似。因此只要设法将三角波的幅度按照一定的规律逐段衰减，就能将其转换为近似正弦波。

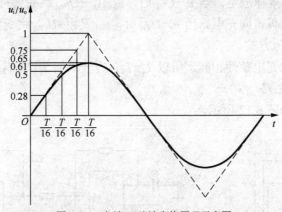

图 6.9　三角波-正弦波变换原理示意图

产生方波、三角波和正弦波的方案有多种，如首先产生正弦波、三角波，然后再将三角波变换成正弦波或将方波变换成正弦波；或采用一片能同时产生上述 3 种波形的专用集成电路芯片 5G8038。本设计仅介绍产生方波、三角波，然后再产生正弦波的电路设计方法及集成函数信号发生器的典型电路。

2．函数信号发生器的主要性能指标

（1）输出波形：方波、三角波、正弦波。

（2）频率范围：输出频率范围一般可分为若干波段。

（3）输出电压：输出电压一般指输出波形的峰—峰值。

（4）波形特性。

正弦波：谐波失真度，一般要求小于 3%。

三角波：非线性失真度，一般要求小于 2%。

方波：上升沿和下降沿时间，一般要求小于 2μs。

6.3.4　函数信号发生器的设计指导

1．方波－三角波－正弦波发生器组成

能够产生方波、三角波和正弦波的函数发生器可由运算放大器电路和分立元件构成，其电路组成框图如图 6.10 所示。

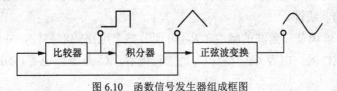

图 6.10　函数信号发生器组成框图

2．方波发生电路

方波发生器可由反相输入的滞回比较器和外设 RC 器件组成，其电路如图 6.11 所示。方波发生器的工作原理如下。

设 $u_c(t=0)=0$，输出电压初始值 $u_{o1}=+U_{OM}$，u_{o1} 通过电阻 R 向电容充电，其充电电流方向如图 6.11 所示电路中的实线箭头所示。电容电压按指数规律上升，时间常数 $\tau=RC$；当 $u_c=U_{TH}$ 时，u_{o1} 由$+U_{OM}$跳变到$-U_{OM}$，之后，电容通过 R 放电，放电到 0 时再反向充电，如图 6.11 中虚线所示。u_c 按指数规律放电，当 $u_c=U_{TL}$ 时，u_{o1} 由$-U_{OM}$跳变到$+U_{OM}$。之后，电容通过 R 又放电，放电到 0 时再正向充电。当 $u_c=U_{TH}$ 时，u_{o1} 又由$+U_{OM}$跳变到$-U_{OM}$，如此周而复始循环，得到的 u_{o1} 即为方波。

因为电容正反向的充电条件相同，所以 $T_1=T_2$，方波周期 $T=T_1+T_2$。

3．三角波发生电路

三角波发生电路如图 6.12 所示。

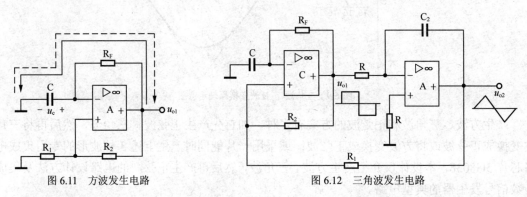

图 6.11　方波发生电路　　　　　　图 6.12　三角波发生电路

三角波发生电路由同相端输入的滞回比较器和反相积分器组成。反相积分器的输出 u_{o2} 作为滞回比较器的输入，滞回比较器的输出 u_{o1} 又作为反相积分器的输入。

滞回比较器的阈值电压为：

$$U_{TH}=\frac{R_1}{R_2}U_{OM} \text{ 和 } U_{TL}=-\frac{R_1}{R_2}U_{OM}$$

三角波发生器的工作原理：当 $u_{o1}=+U_{OM}$ 时，$u_{o2}=-\dfrac{1}{RC}\displaystyle\int u_{o1}\mathrm{d}t=-\dfrac{U_{OM}}{RC}t$ 随时间负向线性增大；当 $u_{o2}=U_{TL}$ 时，u_{o1} 由$+U_{OM}$跳变为$-U_{OM}$。当 $u_{o1}=-U_{OM}$ 时，$u_{o2}=-\dfrac{1}{RC}\displaystyle\int u_{o1}\mathrm{d}t=\dfrac{U_{OM}}{RC}t$，此时 u_{o2} 随时间正向线性增大；到 $u_{o2}=U_{TH}$ 时，u_{o1} 由 $-U_{OM}$跳变为$+U_{OM}$。如此周而复始循环，得到的 u_{o1} 为方波，u_{o2} 为三角波。

4．三角波变换为正弦波

三角波变换为正弦波的电路如图 6.13 所示。

电路采用了差分放大电路实现变换。三角波变换为正弦波的波形变换是利用差分放大器的传输特性曲线的非线性。

电路中的 R_{P1} 可调节三角波的幅度，R_{P2} 可调节整个电路的对称性，并联电阻 R_{e2} 用来减小差分放大器的线性区，电容 C_1、C_2、C_3 是隔直电容，C_4 是滤波电容，用来滤除谐波分量，改善输出波形。

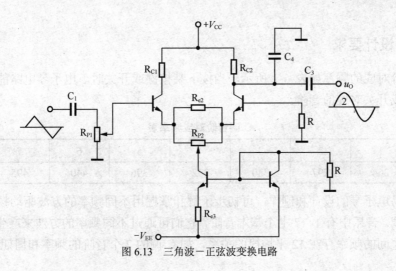

图 6.13　三角波－正弦波变换电路

6.3.5　参数选择和注意事项

1．三角波变换成正弦波

三角波－正弦波变换电路的参数选择为：隔直电容 C_1、C_2、C_3 的容量要取得较大，因为输出频率很低，一般取值为 470μF。滤波电容 C_4 视输出的波形而定，若含有高次谐波成分较多，C_4 可取得小一些，一般为几十皮法至几百皮法即可。R_{E2} 和 R_{P4} 相关联，以减小差分放大电路的线性区。差分放大器的静态工作点可通过观测传输特性曲线来调整 R_{P1} 及确定电阻 R。

2．注意事项

（1）不可把集成运算放大器的正、负电源极性接反或将输出端短路。

（2）在实验过程中，每当更改电路时，必须首先断开电源，严禁带电操作。

6.3.6　设计报告要求

（1）写明设计题目、设计任务、设计环境以及所需的设备元器件。

（2）绘制经过实验验证、完善后的电路原理图。

（3）编写设计说明、使用说明与设计小结。

（4）列出设计参考资料。

6.3.7　思考题

1．产生正弦波的方法有哪几种？能否简单说明各种方法的原理？

2．产生正弦波的方法有哪几种？能否简单说明各种方法的原理，并比较它们的优缺点？

6.4　简易电子琴的设计

6.4.1　设计任务

通过本课程的设计，初步了解声音、音调和频率之间的关系，试采用 RC 正弦波振荡电路，设计一个简易电子琴。

6.4.2 设计要求

C 调音阶对应的频率如表 6-1 所示，当按下某按键或开关时，电子琴电路能够起振，并发出该按键或开关对应的音阶。

表 6-1　　　　　　　　　　　　C 调音阶对应频率表

C 调	1	2	3	4	5	6	7	i
f/Hz	264	297	330	352	396	440	495	528

通过简易电子琴的设计和制作，可初步了解和掌握用不同频率的方波驱动扬声器，能产生不同的音调。音乐中有 1～7 七个基本音阶，它们可通过不同频率的方波来产生。根据乐理可知，音阶之间的频率存在 12 平均律的关系，如 C 调的 7 个音阶的频率和周期分别为：

$$"1" = 440 \times \frac{\sqrt[12]{2^3}}{2} \approx 261.6\text{Hz}, \quad T_{"1"} = 3.82\text{ms}$$

$$"2" = 440 \times \frac{\sqrt[12]{2^5}}{2} \approx 293\text{Hz}, \quad T_{"2"} = 3.41\text{ms}$$

$$"3" = 440 \times \frac{\sqrt[12]{2^7}}{2} \approx 329.6\text{Hz}, \quad T_{"3"} = 3.03\text{ms}$$

$$"4" = 440 \times \frac{\sqrt[12]{2^8}}{2} \approx 349.2\text{Hz}, \quad T_{"4"} = 2.86\text{ms}$$

$$"5" = 440 \times \frac{\sqrt[12]{2^{10}}}{2} \approx 392\text{Hz}, \quad T_{"5"} = 2.55\text{ms}$$

$$"6" = 440 \times \frac{\sqrt[12]{2^{12}}}{2} \approx 440\text{Hz}, \quad T_{"6"} = 2.27\text{ms}$$

$$"7" = 440 \times \frac{\sqrt[12]{2^{14}}}{2} \approx 493.9\text{Hz}, \quad T_{"7"} = 2.02\text{ms}$$

同时，每个音阶的频率，恰好是其低八度音阶频率的两倍。例如，上述 C 调的"6"=440Hz，其低八度的"6"=220Hz，其余音阶以此类推。

6.4.3 预习要求

（1）熟悉集成运算放大器 μA741 的引脚排列及功能。

（2）熟悉 RC 正弦波振荡电路的工作原理。

（3）设计相应的电路图，标注元件参数，并进行仿真验证。

6.4.4 仪器设备与元器件

直流稳压电源	一台
双踪示波器	一台
函数信号发生器	一台

数字万用表　　　　　　　　　　　一只
EEL-69 模拟、数字电子技术实验箱　　一台
"集成运算放大器应用"实验板　　　一块
集成运算放大器 μA741、二极管、按键、开关、电阻、电容、导线若干。

6.4.5　设计报告要求

1．写明设计题目、设计任务、设计环境以及所需的设备元器件。
2．绘制经过实验验证、完善后的电路原理图。
3．编写设计说明、使用说明与设计小结。
4．列出设计参考资料。

6.4.6　注意事项

1．集成运算放大器的正、负电源极性不要接反，不要将输出端短路，否则会损坏芯片。
2．在实验过程中，每当更改电路时，必须首先断开电源，严禁带电操作。

［1］曾令琴. 电子技术基础[M]. 北京：人民邮电出版社，2014.

［2］唐庆玉. 电工技术与电子技术[M]. 北京：清华大学出版社，2007.

［3］高吉祥. 模拟电子技术[M]. 北京：电子工业出版社，2006.

［4］曾令琴. 模拟电子技术基础[M]. 2 版. 北京：电子工业出版社，2013.

［5］毕满清. 模拟电子技术基础学习指导及习题详解[M]. 北京：电子工业出版社，2011.

［6］曲昀卿. 模拟电子技术基础[M]. 北京：邮电大学出版社，2012.

［7］高吉祥. 电子技术基础实验与课程设计[M]. 2 版. 北京：电子工业出版社，2005.

［8］周树南. 电路与电子学基础[M]. 2 版. 北京：科学出版社，2010.

［9］陈永甫. 新编 555 集成电路应用 800 例[M]. 北京：电子工业出版社，2000.